U0945240

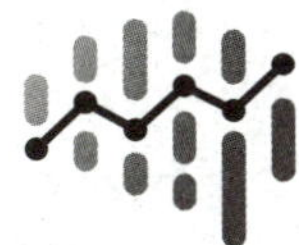

-厦门理工学院立项教材资助-

数值分析

陈淑萍　吴春红　陈玉成　主编

国家一级出版社
全国百佳图书出版单位

图书在版编目（CIP）数据

数值分析 / 陈淑萍，吴春红，陈玉成主编. -- 厦门 ：厦门大学出版社，2025. 8. -- ISBN 978-7-5615-5160-8

Ⅰ. O241

中国国家版本馆 CIP 数据核字第 202535BT34 号

责任编辑 陈玉环
美术编辑 张雨秋
技术编辑 许克华

出版发行 厦门大学出版社
社　　址 厦门市软件园二期望海路 39 号
邮政编码 361008
总　　机 0592-2181111　0592-2181406(传真)
营销中心 0592-2184458　0592-2181365
网　　址 http://www.xmupress.com
邮　　箱 xmup@xmupress.com
印　　刷 厦门市明亮彩印有限公司

开本 787 mm×1 092 mm　1/16
印张 11.75
字数 278 千字
版次 2025 年 8 月第 1 版
印次 2025 年 8 月第 1 次印刷
定价 42.00 元

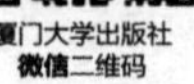

厦门大学出版社
微信二维码

厦门大学出版社
微博二维码

内容简介

本书是为高校工科类专业量身打造的数值分析课程教材，全面覆盖硕士研究生和本科生教学需求．全书以数值计算核心问题为主线，系统阐述了现代科学计算的原理与方法．第1章是绪论，介绍数值分析基本概念与误差理论，建立计算思维框架．第2章至第7章是核心模块：非线性方程/线性方程组的解法，插值理论与数据拟合，数值积分/微分算法，常微分方程的数值解法．本书提供立体化学习系统：微课视频矩阵（扫码即看）、MATLAB程序资源库（配套源码下载）、知识图谱．各章配有一定数量的习题，书后给出了习题参考答案．

本书基本概念叙述清晰，语言通俗易懂，注重算法的实际应用和上机实践，可作为硕士研究生和本科生数值分析课程的教科书，还适合作为：

①工程硕士研究生的高阶计算手册；

②本科生数学建模竞赛的算法宝典；

③科研人员的数值计算工具指南；

④工程师的快速解决方案参考．

本书实现了经典数值方法与现代计算技术的深度融合，通过理论深度与实践价值的有机结合，为培养具有计算思维的新工科人才提供强力支撑．

前 言

在当代科学研究范式革新中，科学计算已与理论推演、实验观测构成鼎足之势.特别是在工程领域数字化转型背景下，面对海量数据处理与复杂系统建模需求，数值分析能力已成为理工科人才的核心竞争力.厦门理工学院作为应用型人才培养重镇，将本课程定位为贯通数学理论与工程实践的桥梁课程，校内年逾千人学习此课程，覆盖数学、机械及电子等本硕专业.

本书基于国内外经典教材，结合编者10年教学实践编写而成，旨在适应工科类专业硕士和本科生的学习特点，减少理论证明的过程，加强实际案例的应用讲解.

本书的主要特点如下：一是保持课程体系的完整性，二是增强本课程的实用性，三是加强内容的可读性.为此，我们在系统介绍基础理论的同时，省略了一些烦琐艰深的证明过程，而主要侧重于算法叙述和算例分析.在行文上注重通俗易懂，对专业术语尽量作通俗的解释，尤其避免仅用术语解释术语，以增强本书的可读性.此外，本书为常用的算法提供了MATLAB程序源代码，方便读者编程验证.为方便读者自学，每章末均附有习题，书后附有习题参考答案，供读者参考.对于计算量较大的习题，可考虑使用程序辅助计算.

全书共分7章，其中第1、3、4章由吴春红老师执笔，第2章由陈淑萍老师编写，第5～7章由陈玉成老师完成.经过多次集体讨论，最终由陈玉成老师统稿、定稿.各章习题及答案由陈淑萍老师编写.全书计划讲授时数为32～40学时.

本书的编写得到厦门理工学院教材建设基金的资助，并承蒙数学与统计学院领导、有关专家的关心和指导，以及厦门大学出版社在编审、出版过程中的大力支持，在此一并致谢！同时，本书参考了书后所列文献，编者对这些参考文献的作者表示感谢！

因编者经验和水平有限，教材中难免存在疏漏或谬误，恳请读者批评指正，以便后续修订完善.

编者

2025年春

目 录

第 1 章　绪论

本章主要介绍数值分析的研究对象、课程特点与基本内容，讨论误差(error)的基本概念，并提出在数值计算中应当遵循的原则.

1.1　数值分析课程特点与基本内容

1.1.1　课程特点

数值分析也称为计算方法或数值计算方法，它是研究使用计算机求解各种数学问题的数值方法(numerical method)及其理论的一门学科. 在数字文明演进进程中，计算机技术与数值分析始终呈现螺旋式协同发展态势. 计算机是数值分析实现复杂数值计算和算法(algorithm)的重要工具，而数值分析为计算机提供了所需的理论和方法，它们相互促进、共同发展，为科学技术的发展和实际问题的解决提供了重要的支持和保障. 随着计算机科学与技术的迅速发展，数值分析方法的应用已经渗透到各科学和工程技术领域，不仅攻克了 Navier-Stokes 方程千年难题等科学高峰，更在芯片光刻仿真、可控核聚变模拟等重大工程中发挥关键作用.

不同学科领域的实际问题要在计算机上得到解决，一般要经过以下几个步骤(图 1.1). 首先，通过建立数学模型实现对实际系统的分析、设计、预报及控制. 例如，电气工程师可以建立生产过程的数学模型，并对控制装置做出相应的设计和计算，从而实现有效的过程控制. 医学专家有了药物在人体内时空分布动态特征的数学模型，就可以分析药物的疗效，有效地指导临床用药. 在物流领域，通过建立数学模型，可以合理规划运输路线，降低成本和节约时间. 在金融风险管理中，数学模型如期权定价模型、风险价值模型等，有助于投资者和交易员做出明智的投资决策，降低投资风险. 此外，数学模型还可以用于预测流行病的传播趋势、制定防控措施，以及解决城市交通拥堵等问题.

简单的数学模型可以通过解析方法或图解方法来求解，而复杂的数学模型则需要通过构造合适的数值计算方法并编写相应的算法程序进行计算. 数值分析以各类数学问题的数值方法为研究对象，构造求解科学与工程领域的各种数学问题的数值算法，研究算法的数学机理，对求得或将要求得的解的精度进行分析评估，通过编程和上机实现算法求得结果，对算法和结果进行相应的理论分析，如误差分析、收敛性分析等，并与相应的理论结果和可能的实验数据对比验证，从而保证计算结果满足实际要求.

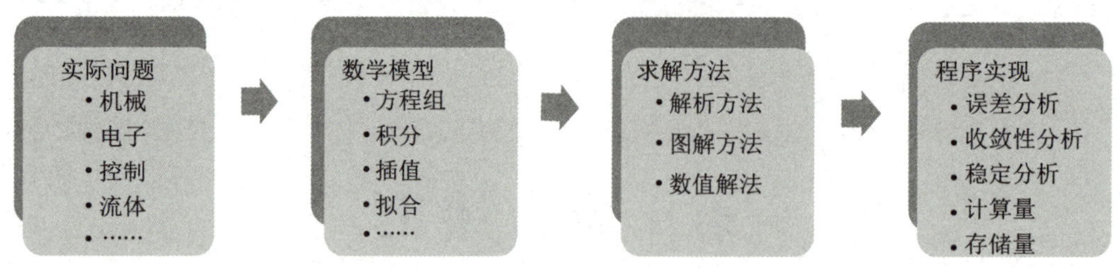

图 1.1　实际问题在计算机上的解决步骤

数值算法通常根据一组数值型数据，按照问题所满足的性质去求另一组数值型数据(求解结果)，如函数值的计算、方程组的求解等. 使用计算机进行求解时，通常需要通过离散化、逼近、插值、迭代等方法才能求得结果. 通过有限次的四则运算在计算机上求解数学问题的方法通常称为数值方法，求得的近似解(approximate solution)通常称为数值解(numerical solution). 在求解科学与工程计算问题时，不同的算法适合不同的问题，需要根据问题的性质设计有针对性的算法. 此外，还应该根据问题的特点，研究适合在计算机上使用、满足精度要求和节省计算时间的有效算法，在实现算法时还应该根据计算机容量、字长、速度等指标，研究具体求解步骤和程序设计技巧.

数值分析课程既有纯粹数学的高度抽象性和严密科学性，又有应用的广泛性和实际实验的技术性等特点. 根据上述特点，在学习过程中：第一，要注意复习微积分、线性代数、常微分方程(ODE)和高级语言程序设计方法等课程的内容，这是学习本课程的基础；第二，要理解方法的基本原理和思想，掌握方法处理的技巧；第三，要独立完成一定数量的习题，复习和巩固所学内容；第四，一定要认真做好数值实验，通过编程与调试实现算法，培养和提高自己分析问题和解决问题的能力.

1.1.2　基本内容

数值分析中的方法包括非线性与线性方程数值解法、函数插值、离散数据拟合、数值微积分、常微分方程数值解法等，这些方法为解决各种科学与工程问题提供了重要的工具. 本书对各种数值分析方法进行分析，重点在于数值算法的构造(设计计算公式、算法步骤)、算法的理论分析(包括误差分析、收敛性分析、稳定分析)等.

1.2　误差的基本理论

计算机科学的发展，为数据处理提供了高速度和高精度的计算工具，使得许多复杂的数值分析问题得到了较好的解决. 但计算机与其他计算工具相同，它对数值问题的求解在所有计算环节均存在近似性，因而数值分析中误差总是不可避免的. 也就是说，在数值分析方法中，绝大多数情况下不存在绝对的精确. 我们关注的是如何估计误差，并将误差控制在可以接受的范围内. 因此，在数值分析中，误差分析是十分重要的.

误差按照来源可分为四类：模型误差(model error)、观测误差(observation error)、截断误差(truncation error)和舍入误差(round-off error),如图 1.2 所示.数值分析的任务之一就是对误差进行估计和控制.

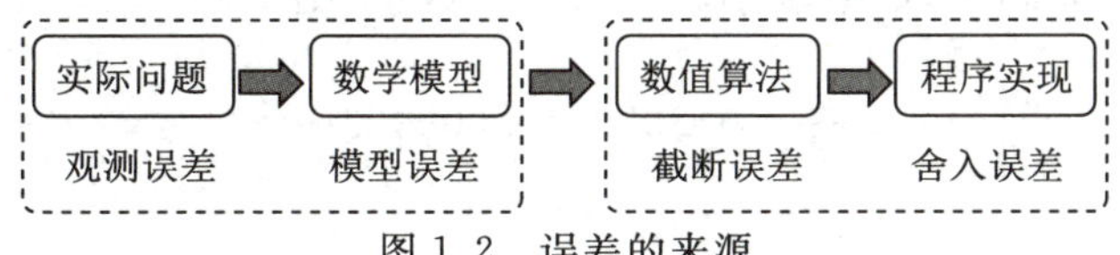

图 1.2　误差的来源

1.2.1　误差来源

(1) 模型误差

一般来说,生产和科研中遇到的实际问题是比较复杂的,在用数学模型来描述时,往往要忽视很多次要因素,把模型"简单化""理想化",因此,不可避免地产生误差,这种数学模型与实际问题之间的误差称为模型误差.

误差和有效数字

(2) 观测误差

针对实际问题建立的数学模型中通常包含若干物理参数,如温度、长度、电压、速度等,这些参数通常是通过测量得到的,而测量过程受工具、方法、观察者的主观因素、不可预料的随机干扰等影响必然带入误差,这种测量值与实际值之间的误差称为观测误差.

(3) 截断误差

根据实际问题建立的数学模型通常比较复杂,很多情况下无法获得精确解.或者用易于求解的问题代替不易求解的问题而产生误差,或者用有限的过程逼近无限的过程而产生误差.数学模型的精确解与用数值方法得到的数值解之间的误差称为截断误差.由于截断误差是方法固有的,所以也称为方法误差(method error).

例如,指数函数 $f(x)=\mathrm{e}^x$ 可展开为幂级数形式

$$\mathrm{e}^x=1+x+\frac{x^2}{2!}+\frac{x^3}{3!}+\cdots+\frac{x^n}{n!}+\cdots$$

上式右端有无限多项,使用计算机求值时只能取有限项 $S_n(x)$ 作为 e^x 的近似值,

$$S_n(x)=1+x+\frac{x^2}{2!}+\frac{x^3}{3!}+\cdots+\frac{x^n}{n!}$$

根据 Taylor 余项定理,部分和 $S_n(x)$ 作为 e^x 的近似值的余项为

$$R_n(x)=\mathrm{e}^x-S_n(x)=\frac{\mathrm{e}^\xi}{(n+1)!}x^{n+1}$$

式中,ξ 为 0 与 x 之间的数.

上例中截取无穷级数的有限项之和作为无穷级数的和的近似值时所产生的误差就是截断误差.

(4) 舍入误差

计算机只能处理有限数位的小数运算,原始数据以及计算过程中的数据在计算机上

都只能按照一定的舍入规则保留有限位，由此产生的误差称为舍入误差.

例如，$\frac{1}{3}=0.333333\cdots$，如果取小数点后 4 位数字，则

$$\frac{1}{3}-0.3333=0.000033\cdots$$

就是舍入误差.

显然，上述 4 种误差都会影响计算结果的准确性，但是模型误差和观测误差往往是计算工作者不能独立解决的，它们是需要与各相关学科的科学工作者共同研究的问题. 因此，在数值分析课程中主要研究截断误差和舍入误差对计算结果的影响.

1.2.2 误差的基本概念

1.2.2.1 绝对误差与绝对误差限

定义 1-1 设 x^* 为准确值，x 为 x^* 的一个近似值，称

$$e=x^*-x \tag{1.1}$$

为近似值 x 的绝对误差(absolute error)，简称为误差.

绝对误差 e 是有量纲(单位)的量，量纲同 x，它可正可负. 通常准确值 x^* 是未知的，因而误差一般无法准确计算，只能根据测量工具或计算情况估计出其绝对值的一个上界，即可求出一个正数 ε，使得

$$|e|=|x^*-x|\leqslant\varepsilon \tag{1.2}$$

正数 ε 称为近似值 x 的绝对误差限(absolute error bound)，简称误差限. 有了绝对误差限，就可知道准确值 x^* 的范围

$$x-\varepsilon\leqslant x^*\leqslant x+\varepsilon$$

在工程中常将准确值 x^* 记为

$$x^*=x\pm\varepsilon$$

如功率 $P=(10\pm0.05)$ kW，电阻 $R=(2000\pm10)$ Ω.

仅用绝对误差并不能准确衡量精确程度，例如，测量百米跑道长度误差 10 cm 与测量教室长度误差 10 cm，两者的实际误差占比显然不同，前者的测量结果比后者要准确得多. 这表明描述一个量的近似值的精确度时，不仅要考虑绝对误差的大小，还要考虑准确值本身的大小. 为此，需要引入相对误差的概念.

1.2.2.2 相对误差与相对误差限

定义 1-2 设 x^* 为准确值，x 为 x^* 的一个近似值，称

$$e_r=\frac{e}{x^*}=\frac{x^*-x}{x^*}\,(x^*\neq0) \tag{1.3}$$

为近似值 x 的相对误差(relative error).

相对误差是无量纲的量，常用百分比表示，它也可正可负. 在实际计算中，由于准确值 x^* 一般是未知的，通常用 x 代替 x^* 作分母，由此得近似值 x 的相对误差的近似表达

$$e_r\approx\frac{e}{x}=\frac{x^*-x}{x}\,(x\neq0)$$

相对误差 e_r 的绝对值的上界称为相对误差限(relative error bound),即若存在正数 ε_r,使得

$$|e_r|=\left|\frac{e}{x^*}\right|\approx\left|\frac{x^*-x}{x}\right|\leqslant\varepsilon_r \tag{1.4}$$

成立,则称正数 ε_r 为近似值 x 的相对误差限.

例 1-1　有两个量 $x^*=10\pm1$,$y^*=1000\pm10$,求 x^* 与 y^* 的相对误差限.

解:

$$\varepsilon_r(x^*)\approx\left|\frac{x^*-x}{x}\right|\leqslant\frac{1}{10}=10\%$$

$$\varepsilon_r(y^*)\approx\left|\frac{y^*-y}{y}\right|\leqslant\frac{10}{1000}=1\%$$

根据定义,x^* 与 y^* 的相对误差限分别为 10%和 1%.

上例表明,y 近似 y^* 的程度要比 x 近似 x^* 的程度好得多.相对误差更能刻画近似值的精确度.

例 1-2　设 $x=4.32$ 是由准确值 x^* 经过四舍五入得到的,求 x 的绝对误差限和相对误差限.

解:由 $x=4.32$ 是由准确值 x^* 经过四舍五入得到的,则 $4.315\leqslant x^*<4.325$,于是

$$-0.005<x^*-x\leqslant0.005,$$

所以,x 的绝对误差限为 $\varepsilon=0.005$,相对误差限为 $\varepsilon_r\approx\frac{0.005}{4.32}\approx0.12\%$.

1.2.2.3　有效数字

当一个准确数 x^* 有很多位时,通常按照四舍五入原则得到 x^* 的近似值 x.例如,无理数 $\pi=3.141592653589\cdots$,若按照四舍五入原则分别取 2 位和 4 位小数时,可得

$$\pi_1\approx3.14,\pi_2\approx3.1416$$

计算可得

$$|\pi_1-\pi|=0.00159\cdots<0.005=\frac{1}{2}\times10^{-2}$$

$$|\pi_2-\pi|=0.0000073\cdots<0.00005=\frac{1}{2}\times10^{-4}$$

观察发现,不管取几位小数,四舍五入得到的近似值,其误差的绝对值都不超过末尾数数位的半个单位.

定义 1-3　设 x^* 为准确值,x 为 x^* 的一个近似值,如果 x 的误差的绝对值不超过它的某一数位的半个单位,并且从 x 的左起第一个非零数字到该数位共有 n 位,则称这 n 个数字为 x 的有效数字(significant figures),也称用 x 近似 x^* 具有 n 位有效数字.

例 1-3　若下列近似数的绝对误差限都是 0.0005,问它们各具有几位有效数字?

①$a=251.234$;②$b=-0.208$;③$c=0.002$;④$d=0.00013$.

解:因为 $0.0005=\frac{1}{2}\times10^{-3}$ 是小数点后第三位的半个单位,所以

① a 有 6 位有效数字 2,5,1,2,3,4;

② b 有 3 位有效数字 2,0,8;

③ c 有 1 位有效数字 2;

④ d 没有有效数字.

有效数字还有另外一种定义方法:

定义 1-4 设准确值 x^* 的一个近似值 x 可以写成如下标准形式

$$x=\pm 0.a_1a_2\cdots a_n\times 10^m$$

式中,$a_i(i=1,2,\cdots,n)$是 0~9 中的某一数字,且 $a_1\neq 0$,m 为整数.如果 x 的绝对误差满足

$$|x^*-x|\leqslant\frac{1}{2}\times 10^{m-k},1\leqslant k\leqslant n \tag{1.5}$$

则称近似值 x 具有 k 位有效数字,分别为 $a_1,a_2,\cdots,a_k$.

例 1-4 设 $x^*=2.700282$,取

① $x_1=2.7002$;② $x_2=2.7003$;③ $x_3=2.7$;④ $x_4=2.700$

作为 x^* 的近似值,试确定它们的有效数字位数.

解:① $x_1=2.7002=0.27002\times 10^1$,这里 $m=1,n=5$.因为

$$|x^*-x_1|=0.000082<0.0005=\frac{1}{2}\times 10^{-3}=\frac{1}{2}\times 10^{1-4}$$

因此,x_1 作为 x^* 的近似值具有 4 位有效数字,分别为 2,7,0,0.

② $x_2=2.7003=0.27003\times 10^1$,得 $m=1,n=5$.因为

$$|x^*-x_2|=0.000018<0.00005=\frac{1}{2}\times 10^{-4}=\frac{1}{2}\times 10^{1-5}$$

所以,x_2 作为 x^* 的近似值具有 5 位有效数字,分别为 2,7,0,0,3.

③ $x_3=2.7=0.27\times 10^1$,得 $m=1,n=2$.因为

$$|x^*-x_3|=0.000282<0.0005=\frac{1}{2}\times 10^{-3}=\frac{1}{2}\times 10^{1-4}$$

又因为 $1\leqslant k\leqslant 2$,所以 x_3 作为 x^* 的近似值具有 2 位有效数字,分别为 2,7.

④ $x_4=2.700=0.2700\times 10^1$,得 $m=1,n=4$.因为

$$|x^*-x_4|=0.000282<0.0005=\frac{1}{2}\times 10^{-3}=\frac{1}{2}\times 10^{1-4}$$

所以,x_4 作为 x^* 的近似值具有 4 位有效数字,分别为 2,7,0,0.

上例表明,准确值 x^* 的近似值 x 的每一位数字不一定都是有效数字.若 x 是经四舍五入得到的近似值,那么它从第一个非零数字开始的所有数字都是有效数字.

从上面的讨论可以看出,有效数字位数越多,绝对误差限就越小.同样地,有效数字位数越多,相对误差限也就越小.下面阐述有效数字与相对误差限的联系:

定理 1-1 设近似值 $x=\pm 0.a_1a_2\cdots a_n\times 10^m$,

①若 x 有 n 位有效数字,则其相对误差限 $\varepsilon_r\leqslant\frac{1}{2a_1}\times 10^{-n+1}$;

②若 x 的相对误差限 $\varepsilon_r\leqslant\frac{1}{2(a_1+1)}\times 10^{-n+1}$,则 x 至少有 n 位有效数字.

证明:①由近似值 $x=\pm 0.a_1a_2\cdots a_n\times 10^m$,可得

$$a_1\times10^{m-1}\leqslant|x|\leqslant(a_1+1)\times10^{m-1} \tag{1.6}$$

所以，得

$$\varepsilon_r=\frac{|x^*-x|}{|x|}\leqslant\frac{\frac{1}{2}\times10^{m-n}}{a_1\times10^{m-1}}=\frac{1}{2a_1}\times10^{-n+1}$$

②由式(1.6)有$|x|\leqslant(a_1+1)\times10^{m-1}$，

$$|x^*-x|=\frac{|x^*-x|}{|x|}|x|\leqslant\frac{1}{2(a_1+1)}\times10^{-n+1}\times(a_1+1)\times10^{m-1}=\frac{1}{2}\times10^{m-n}$$

由定义1-3知x具有n位有效数字.

例1-5 要使$\sqrt{20}$的近似值的相对误差限小于0.1%，要取几位有效数字？

解：由于$4<\sqrt{20}<5$，所以$a_1=4$，由定理1-1

$$\frac{1}{2a_1}\times10^{-n+1}\leqslant0.1\%$$

可知$n=4$，即只要$\sqrt{20}$的近似值取4位有效数字，其相对误差限就大于0.1%，此时$\sqrt{20}\approx4.472$.

对有效数字的观察比估计相对误差容易得多，如发现有效数字在算法中某一步突然变少，便意味着相对误差在这一步突然扩大，这就是计算出问题的地方了.

1.3 数值算法设计的原则

数学本身是严谨的，但给定的数据会有误差，计算机所能表示的数的位数是有限的，数值计算过程中也会产生误差，且这些误差会随着计算过程的推进而不断积累传播，因而误差不可避免. 为了减少误差的影响，设计数值算法时应遵循如下原则.

数值算法设计的原则

1.3.1 简化计算步骤，减少运算次数，避免误差积累

同样一个计算问题，如果能减少运算次数，不但可节省计算时间，提高计算速度，而且能减少舍入误差的积累.

例如，计算多项式

$$P(x)=a_nx^n+a_{n-1}x^{n-1}+\cdots+a_1x+a_0$$

的值，若直接计算$a_kx^k(k=0,1,\cdots,n)$，再逐项相加，一共需做

$$n+(n-1)+\cdots+2+1=\frac{n(n+1)}{2}$$

次乘法和n次加法，若采用秦九韶算法

$$P(x)=\{[(a_nx+a_{n-1})x+a_{n-2}]x+\cdots+a_1\}x+a_0$$

$$\Downarrow$$

$$\begin{cases}u_0=a_n\\u_k=u_{k-1}x+a_{n-k},k=1,2,\cdots,n\end{cases}$$

则只需要 n 次乘法和 n 次加法即可. 秦九韶算法计算量小，逻辑结构简单. 即使在现代利用计算机解决多项式求值问题，秦九韶算法依然是最优的算法.

秦九韶(1208—1268)，南宋著名数学家，1247 年完成著作《数书九章》，书中概括了中国传统数学的主要成就，尤其是系统地总结和发展了高次方程数值解法和一次同余组解法，对数学发展产生了广泛的影响.

1.3.2 避免两个相近的数相减

如果 x^* 和 y^* 分别是准确值 x 和 y 的近似值，则减法运算 $x-y$ 的相对误差满足

$$E_r(x-y)=\frac{E_a(x-y)}{|x-y|}=\frac{E_a(x)+E_a(y)}{|x-y|}=\frac{|x|}{|x-y|}\frac{E_a(x)}{|x|}+\frac{|y|}{|x-y|}\frac{E_a(y)}{|y|}$$

$$=\frac{|x|}{|x-y|}E_r(x)+\frac{|y|}{|x-y|}E_r(y)$$

所以，当 x 和 y 很接近时，$|x-y|$ 接近于零，$\frac{|x|}{|x-y|}$ 和 $\frac{|y|}{|x-y|}$ 将很大，所以 $E_r(x-y)$ 将比 $E_r(x)$ 或 $E_r(y)$ 大很多，即相对误差将显著扩大.

例 1-6 在 4 位浮点十进制数下计算 $\sqrt{1001}-\sqrt{1000}$ 的值.

解：设已知数为准确值，计算得

$$\sqrt{1001}-\sqrt{1000}\approx 0.3164\times 10^2-0.3162\times 10^2=0.2\times 10^{-1}$$

结果只有 1 位有效数字，损失了 3 位有效数字，造成绝对误差、相对误差的扩大.

如果改用公式

$$\sqrt{1001}-\sqrt{1000}=\frac{1}{\sqrt{1001}+\sqrt{1000}}\approx\frac{1}{0.6326\times 10^2}\approx 0.1581\times 10^{-1}$$

得到 4 位有效数字的结果.

上例表明，利用恒等式或等价关系对计算公式变形可以避免或减少有效数字的损失，从而得到比直接计算更好的结果.

类似地，如果 x 与 y 很接近，有

$$\ln x-\ln y=\ln\frac{x}{y}$$

如果 x 接近于 0，有

$$1-\cos x=2\sin^2\frac{x}{2}$$

如果 x 充分大，有

$$\arctan(x+1)-\arctan x=\arctan\frac{1}{1+x(x+1)}$$

1.3.3 避免绝对值太小的数作除数

如果 x^* 和 y^* 分别是准确值 x 和 y 的近似值，除法运算 $\frac{x}{y}$ 的绝对误差满足

$$E_a\left(\frac{x}{y}\right)=\frac{x^*}{y^*}-\frac{x}{y}=\frac{yx^*-xy^*}{yy^*}=\frac{(x^*-x)y+(y-y^*)x}{yy^*}\leqslant$$

$$\frac{|y|E_a(x)+|x|E_a(y)}{|yy^*|}\approx\frac{|x|}{y^2}E_a(y)+\frac{1}{|y|}E_a(x)$$

若 $|y|\ll|x|$，则 $\frac{|x|}{y^2}\gg1$，这时 $E_a\left(\frac{x}{y}\right)$ 将比 $E_a(y)$ 扩大很多，由此可知，若用绝对值很小的数作除数，计算时会发生溢出，而且当很小的数稍有一点误差时，对计算结果影响很大.

例如，有

$$\frac{2.7182}{0.001}=2718.2$$

如果分母变为 0.0011，即分母只有 0.0001 的变化，则

$$\frac{2.7182}{0.0011}=2471.1$$

此时，在分母变化很小的情况下，商却发生了很大的变化，因此在计算过程中既要避免两个相近数相减，更要避免再用这个差作除数.

1.3.4 合理安排运算顺序，防止大数“吃掉”小数

在以前学习的公理系统中，加法满足交换律，即 $a+b+c\equiv a+c+b$. 但使用计算机计算就不一定成立了，这是因为计算机的位数有限，当参与数值计算的两个数的量级相差很大时，如果不注意运算次序，就可能出现绝对值很小的数在加减运算中被绝对值较大的数“吃掉”的现象，严重影响计算结果的可靠性.

例 1-7 在 5 位十进制计算机上，计算

$$A=52492+\sum_{i=1}^{1000}\delta_i$$

式中，δ_i 满足 $0.1\leqslant\delta_i\leqslant0.9(i=1,2,\cdots,1000)$.

解： $52492=0.52492\times10^5$，加法计算时需对阶，若 $\delta_i=0.9$，则有

$$\begin{aligned}\delta_i&=0.000009\times10^5(i=1,2,\cdots,1000)\\&=0.000000\times10^5(i=1,2,\cdots,1000)\end{aligned}$$

因此

$$\begin{aligned}A&=0.52492\times10^5+0.00000\times10^5+\cdots+0.00000\times10^5\\&=0.52492\times10^5\end{aligned}$$

此结果显然是错误的，这是因为运算时大数 52492“吃掉”了小数 δ_i. 如果计算时先把数量级相同的 δ_i 相加，最后再加 52492，就不会出现大数“吃”小数现象. 这时有

$$0.1\times10^3\leqslant\sum_{i=1}^{1000}\delta_i\leqslant0.9\times10^3$$

于是

$$0.52492\times10^5+0.00100\times10^5\leqslant A\leqslant0.52492\times10^5+0.00900\times10^5$$

即

$$0.52592\times10^5\leqslant A\leqslant0.53392\times10^5$$

1.3.5 尽量采用数值稳定性好的算法

定义 1-5 由基本运算和运算顺序的规则所构成的完整的解题步骤称为算法.

在某一数学问题的计算过程中,舍入误差是否增长直接影响计算结果的可靠性,这里可能是数学问题本身性态不好,也可能是选择的算法出了问题.

①对某数学问题本身,如果输入数据有微小扰动(即误差),引起输出数据(即问题的解)很大的扰动,称此数学问题为病态问题.这是由数学问题本身的性质决定的,与算法无关.

例如,设 $y=\tan x$,$x_0=1.55$,得

$$y_0=\tan x_0=\tan 1.55=48.0785$$

若 x_0 有 $\Delta x=0.01$ 的微小扰动,记 $x_1=x_0+\Delta x=1.56$,可求得

$$y_1=\tan x_1=\tan 1.56=92.6205$$

则 y 的扰动 $\Delta y=92.6205-48.0785=44.5420$,得

$$\frac{|y_1-y_0|}{|x_1-x_0|}=\frac{44.5420}{0.01}=4454.20$$

即若 x 有 0.01 的微小扰动,y 的扰动为 44.5420,此时 y 的误差为 x 的误差的 4454.20 倍.这里并没有涉及具体的算法,是问题本身的性态造成的.因为 1.55 接近于 $\frac{\pi}{2}$,而在 $\frac{\pi}{2}$ 附近求正切值是一个病态问题.

②如果误差增长并不是由数学问题本身引起,而是选择了不当的算法所致.

数值解是逐步求出的,误差的传播与积累很可能会淹没真解,使计算结果变得根本不可靠.一个好的算法除了要满足结构简单、容易在计算机上实现、计算速度快、节省存储空间和可用数值实验验证行之有效等特点外,还必须在理论上保证方法具有收敛性和数值稳定性.

定义 1-6 如果一个算法在执行过程中的舍入误差在一定条件下能够得到有效控制,即初始误差和计算过程中的舍入误差不影响产生可靠的结果,则称这个算法是数值稳定的(numerical method stable);否则,若出现与数值稳定相反的情况,就称此算法是数值不稳定的(numerical method unstable).

例 1-8 在 4 位十进制计算机上计算积分

$$I_n=\int_0^1 x^n e^{x-1}\,dx,n=0,1,\cdots$$

解:利用分部积分公式,得

$$I_n=\int_0^1 x^n e^{x-1}\,dx=x^n e^{x-1}\mid_0^1-n\int_0^1 x^{n-1}e^{x-1}\,dx=1-nI_{n-1}$$

于是,可得下面两种算法:

算法 1　正向迭代法 $I_n=1-nI_{n-1},n=1,2,\cdots,10.$

算法 2　倒向迭代法 $I_{n-1}=\dfrac{1-I_n}{n},n=10,9,\cdots,1.$

直接计算可得 $I_0=\int_0^1 \mathrm{e}^{x-1}\mathrm{d}x=1-\mathrm{e}^{-1}$. 如果用 4 位有效数字进行计算，可得 I_0 的近似值 $I_0^*=0.6321$.

注意到

$$I_n=\int_0^1 x^n \mathrm{e}^{x-1}\mathrm{d}x \leqslant \int_0^1 x^n \mathrm{d}x=\frac{1}{n+1}\to 0(n\to\infty)$$

取 $I_{10}^*=0$ 作为 I_{10} 的近似值.

根据 I_0^* 和 I_{10}^*，分别按照算法 1 和算法 2 进行计算，计算结果如表 1.1 所列.

表 1.1　积分 $I_n=\int_0^1 x^n \mathrm{e}^{x-1}\mathrm{d}x$ 的近似计算结果

n	I_n^*（算法 1）	I_n^*（算法 2）
0	0.6321	0.6321
1	0.3679	0.3679
2	0.2642	0.2643
3	0.2074	0.2073
4	0.1704	0.1708
5	0.1480	0.1455
6	0.1120	0.1268
7	0.2160	0.1121
8	−0.728	0.1035
9	7.552	0.0684
10	−74.52	0

被积函数 $x^n\mathrm{e}^{x-1}$ 在积分区间 $[0,1]$ 总是大于零的，但利用算法 1 求出的 I_8 居然为负值，说明算法 1 是不稳定的. 这里计算公式及计算过程的每步都是正确的，结果却出现了错误，表明初值误差和舍入误差的积累导致计算结果精度降低以至失去意义.

以下分析算法 1 与算法 2 的误差传播情况.

对于算法 1，设 I_n^* 是 $I_n(n=0,1,\cdots,10)$ 的近似值，由于计算所使用的也是递推公式

$$I_n^*=1-nI_{n-1}^*$$

所以

$$e_n=I_n^*-I_n=(1-nI_{n-1}^*)-(1-nI_{n-1})=-n(I_{n-1}^*-I_{n-1})=(-n)e_{n-1}$$

这说明，I_{n-1}^* 的误差传播到 I_n^* 时，被扩大了 $(-n)$ 倍. 因而

$$e_n=-ne_{n-1}=(-n)[-(n-1)]e_{n-2}=\cdots=(-1)^n n!e_0$$

即 I_0^* 的误差传播到 I_n^* 时已增加了 $(-1)^n n!$ 倍. 依上面初始值 I_0^* 的取法，有 $|e_0|\leqslant\dfrac{1}{2}\times10^{-4}$，这样，我们得到 $|e_8|\leqslant 8!\times\dfrac{1}{2}\times10^{-4}=2.016$，这个数已经大大超过了 I_8 的大小，所以 I_8^* 中没有有效数字，即误差掩盖了真相.

对于算法 2 可得

$$e_0=\frac{(-1)^n}{n!}e_n$$

上式表明，I_n^* 的误差传播到 I_0^* 时已变为原来的 $\frac{1}{n!}$，故逆推过程算法 2 是稳定的. 尽管开始计算时取 $I_{10}^*=0$ 是相当不严谨的做法，误差很大，但由于误差在传播中逐步缩小，计算结果是可靠的.

此例表明，在数值计算中除了研究数学问题的算法外，还必须分析计算结果的误差是否满足精度要求. 否则，可能会出现类似算法 1 产生的"差之毫厘，失之千里"的错误结果. 有些方法在理论上看似不够精确，但通过实际计算和对比分析等手段验证是行之有效的，也应该采用.

本章小结

本章的基本内容包括截断误差、舍入误差、绝对误差、相对误差、有效数字和算法的数值稳定性等基本概念，讨论了误差的不可避免性及设计数值算法时为防止错误结果应该遵循的原则.

本章知识图谱如图 1.3 所示：

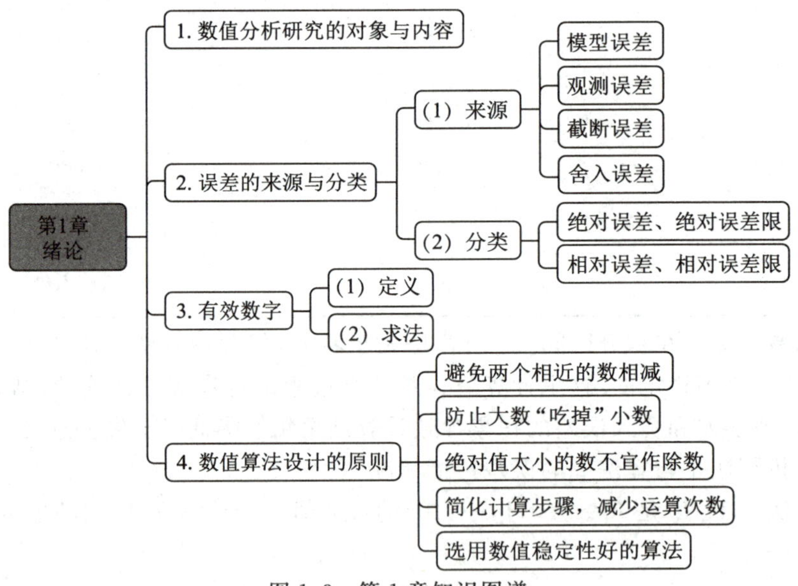

图 1.3 第 1 章知识图谱

习题 1

1.1 设 x 为准确值，x^* 为 x 的近似值，计算下列各数的绝对误差和相对误差.

(1) $x=\pi, x^*=\frac{22}{7}$

(2) $x=\pi, x^*=3.14$

(3) $x=\mathrm{e}, x^*=2.718$

(4) $x=\sqrt{2}, x^*=1.41$

1.2　下列各数都是经过四舍五入得到的近似值，求各数的绝对误差限、相对误差限和有效数字的位数.

(1) 3260

(2) 0.021

(3) 0.62×10^{-3}

(4) 3.080

1.3　已知$\sqrt{3}=1.732050807568\cdots$，问：

(1) 若其近似值取 5 位有效数字，则该近似值是多少？其误差限是多少？

(2) 若精确到小数点后 5 位，则该近似值是多少？其误差限是多少？

(3) 若其近似值的绝对误差限为 0.5×10^{-4}，则该近似值是多少？有几位有效数字？

1.4　已知近似值 $x_1=2.18, x_2=-0.0218, x_3=2.18\times10^{-3}$ 的绝对误差限均为 0.5×10^{-3}，那么它们各有几位有效数字.

1.5　为了尽量避免有效数字的严重损失，如何计算下列各式？

(1) $1-\cos 1^\circ$

(2) $\ln(\sqrt{810^2+1}-810)$

(3) $\dfrac{1}{952}-\dfrac{1}{951}$

1.6　数列$\{x_n\}$满足递推公式 $x_n=8x_{n-1}-1, n=1,2,\cdots$. 若取 $x_0=\sqrt{3}\approx1.73$（3 位有效数字），按照递推公式从 x_1 计算到 x_{10} 时误差有多大？这个计算过程稳定吗？

1.7　求方程 $x^2-21x+3=0$ 的两个根，使它至少具有 3 位有效数字.

1.8　计算球体积要使相对误差限为 2%，问度量半径 R 允许的相对误差是多少？

1.9　正方形的边长大约为 80 cm，边长的测量需要达到怎样的精度才能使其面积误差不超过 0.5 cm^2？

1.10　设 x 的相对误差为 3%，求 x^n 的相对误差.

1.11　试用消元法解方程组 $\begin{cases}10^{-5}x_1+x_2=1\\ x_1+x_2=2\end{cases}$，假定计算过程中只保留三位有效数字，问结果是否可靠？

第 2 章 非线性方程的数值解法

在科学和工程计算中，常遇到非线性方程或方程组的求解问题.如电路和电力系统计算、非线性力学以及非线性规划等众多领域中很多问题都可归结为非线性方程的问题.

本章主要讨论一元非线性方程

$$f(x)=0, x\in[a,b]$$

的求根问题，其中 $f(x)$ 是区间 $[a,b]$ 上连续的非线性函数，即求 $x^*\in[a,b]$ 使得 $f(x^*)=0$，称 x^* 是方程 $f(x)=0$ 的根或解，或是函数 $f(x)$ 的零点.若 $f(x)$ 可以分解为

$$f(x)=(x-x^*)^m\varphi(x)$$

式中，m 为正整数，且 $\varphi(x^*)\neq 0$，则称 x^* 是方程 $f(x)=0$ 的 m 重根或 m 重零点；当 $m=1$ 时，称 x^* 是方程 $f(x)=0$ 的单根.

例 2-1 求 $x=0$ 是 $f(x)=\mathrm{e}^{3x}-1-3x-\dfrac{9}{2}x^2=0$ 的几重根？

解：

$$f(x)=\mathrm{e}^{3x}-1-3x-\frac{9}{2}x^2, f(0)=0$$

$$f'(x)=3\mathrm{e}^{3x}-3-9x, f'(0)=0$$

$$f''(x)=9\mathrm{e}^{3x}-9, f''(0)=0$$

$$f'''(x)=27\mathrm{e}^{3x}, f'''(0)=27\neq 0$$

因此 $x=0$ 是方程 $f(x)=\mathrm{e}^{3x}-1-3x-\dfrac{9}{2}x^2=0$ 的 3 重根.

在科学研究和工程计算中常常遇到的非线性方程通常有如下两种形式：

①超越方程，此时 $f(x)$ 中含有三角函数、指数函数和对数函数等，如

$$\mathrm{e}^x-\sin\left(\frac{\pi x}{5}\right)=0$$

②代数方程，此时 $f(x)$ 是 n 次多项式方程，即

$$a_nx^n+a_{n-1}x^{n-1}+\cdots+a_1x+a_0=0$$

高次代数方程的求根曾是中世纪核心的数学问题，1545 年卡尔达诺(Cardano)给出了三次代数方程的求根公式.1824 年阿贝尔(Abel)严格证明了五次及以上一般方程无法用根式(有限次四则运算与开方)求解.对一般代数方程数值解法的研究可以追溯至 17 世纪，牛顿(Newton)在其著作《分析学》中提出了一种多项式方程的迭代解法，用于近似求解方程的根.拉夫森(Raphson)在《方程分析通论》中简化了牛顿的流程，将其推广为一种通用的迭代公式，即现在熟知的牛顿法，适用于更广泛的函数.

2.1　对分区间法

对分区间法也称为二分法，是求解非线性方程的最简单的算法，其理论基础是零点定理.

如图 2.1 所示，若函数 $f(x)$ 在闭区间 $[a,b]$ 上连续，且 $f(a)f(b)<0$，那么在开区间 (a,b) 内至少有函数 $f(x)$ 的一个零点，即至少有一点 $\xi(a<\xi<b)$ 使得 $f(\xi)=0$.

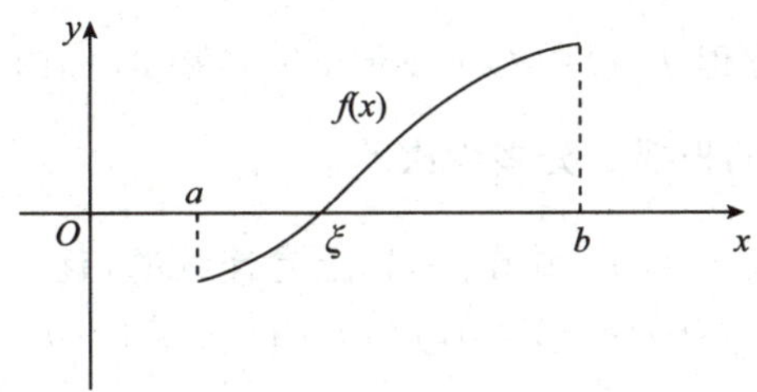

图 2.1　零点定理概述

若函数 $f(x)$ 在 $[a,b]$ 上单调连续，且 $f(a)f(b)<0$，则根据零点定理，方程 $f(x)=0$ 在区间 $[a,b]$ 上有且仅有一个实根 x^*. 可以通过不断缩小有根区间的范围来获得非线性方程的近似解. 令 $a_0=a, b_0=b$，取区间 $[a,b]$ 的中点 $x_0=\frac{1}{2}(a_0+b_0)$，并将区间二分为两个小区间，此时可能出现以下三种情况：

①$f(x_0)=0$，x_0 为所求的根；

②$f(x_0)$ 和 $f(a_0)$ 同号，取 $a_1=x_0, b_1=b_0$，如图 2.2(a)；

③$f(x_0)$ 和 $f(b_0)$ 同号，取 $b_1=x_0, a_1=a_0$，如图 2.2(b).

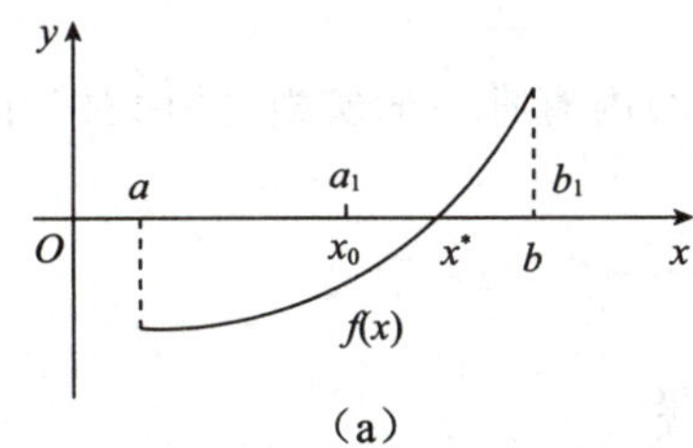

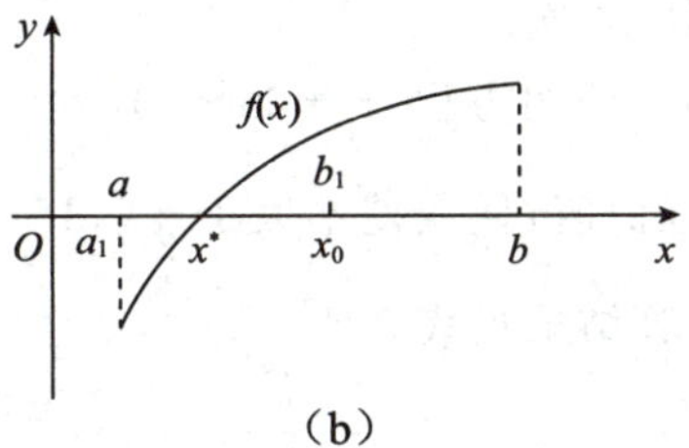

图 2.2　第一次对分区间

这时，得到新的有根区间为 (a_1,b_1)，其长度是原来的一半.

如此二分下去，可以得到一系列有根区间

$$(a,b)=(a_0,b_0)\supset(a_1,b_1)\supset(a_2,b_2)\supset\cdots\supset(a_k,b_k)\supset\cdots$$

且

$$b_1-a_1=\frac{1}{2}(b_0-a_0), b_2-a_2=\frac{1}{2}(b_1-a_1)=\frac{1}{2^2}(b-a),\cdots,b_k-a_k=\frac{1}{2^k}(b-a)$$

因此，对于第 k 个有根区间，有

$$x_k=\frac{1}{2}(a_k+b_k)\in(a_k,b_k), k=0,1,2,\cdots$$

$$|x^*-x_k|\leqslant\frac{1}{2}(b_k-a_k)=\frac{1}{2^{k+1}}(b-a)$$

若给定精度要求 ε(绝对误差限),则只需二分次数 k 满足

$$|x^*-x_k|\leqslant\frac{b-a}{2^{k+1}}<\varepsilon$$

即

$$k>\frac{\lg(b-a)-\lg\varepsilon}{\lg 2}-1 \tag{2.1}$$

即可结束循环.

例 2-2 证明非线性方程 $f(x)=\sqrt{x}-\cos x=0$ 在[0,1]内有一个根,使用对分区间法求误差不大于$\frac{1}{2}\times10^{-4}$的根要二分多少次?

证明:函数 $f(x)=\sqrt{x}-\cos x=0$ 在[0,1]上是连续的,且

$$f(0)=-1<0,f(1)=1-\cos 1>0$$

又因为 $f'(x)=\frac{1}{2\sqrt{x}}+\sin x>0,x\in[0,1]$,所以 $f(x)$在 $x\in[0,1]$上严格单调递增,故有且只有一个根.

解:由对分区间法误差估计公式,得

$$|x^*-x|\leqslant\frac{1}{2^{k+1}}(b-a)\leqslant\frac{1}{2}\times10^{-4}$$

即

$$k\geqslant\frac{\lg(1-0)-\lg\left(\frac{1}{2}\times10^{-4}\right)}{\lg 2}-1=13.29$$

所以需二分 14 次.

例 2-3 证明方程 $x^3+4x^2-10=0$ 在区间(1,2)内有唯一的实根,并用对分区间法求这个根的近似值,使误差不大于$\frac{1}{2}\times10^{-4}$.

解:计算结果见表 2.1.

表 2.1 计算结果

k	a_n	b_n	x_k	$f(x_k)$的符号
0	1.0	2.0	1.5	+
1	1.0	1.5	1.25	−
2	1.25	1.5	1.375	+
3	1.25	1.375	1.3125	−
4	1.3125	1.375	1.34375	−
5	1.34375	1.375	1.359375	−
6	1.359375	1.375	1.3671875	+
7	1.359375	1.3671875	1.36328125	−
8	1.36328125	1.3671875	1.365234375	+
9	1.36328125	1.365234375	1.3642578125	−

续表

k	a_n	b_n	x_k	$f(x_k)$的符号
10	1.3642578125	1.365234375	1.36474609375	−
11	1.36474609375	1.365234375	1.364990234375	−
12	1.364990234375	1.365234375	1.3651123046875	−
13	1.3651123046875	1.365234375	1.36517333984375	−
14	1.36517333984375	1.365234375	1.365203857421875	−

所以 $x^*=1.365203857421875$.

以下给出用对分区间法求解非线性方程的 MATLAB 程序：

bisection.m 文件

```
function    x=bisection(f,a,b,e)
%用途:二分法解非线性方程 f(x)=0
%格式:x=bisection(f,a,b,e)  f 为用函数句柄或内嵌函数表达的 f(x),a,b 为区间端点,e 为精度(默认值1e-4),x 返回解
if nargin<4,e=1e-4;end
fa=feval(f,a);
fb=feval(f,b);
if fa*fb>0,
    error('函数在两端点必须异号');
end
x=(a+b)/2;
i=0;
while(b-a)>e,
    fx=feval(f,x);
    if fa*fx<0,
        b=x;
        fb=fx;
    else
        a=x;
        fa=fx;
    end
    x=(a+b)/2;
    i=i+1;
end
i
```

在命令窗口输入以下代码来调用这个函数求解例 2-3：

```
>>f=inline('x^3+4*x^2-10');
>>x=bisection(f,1,2,1e-4)
```

可得如下结果：

```
i=
    14
x=
    1.365203857421875
```

2.2 简单迭代法及其收敛性

2.2.1 简单迭代法的构造

2.2.1.1 简单迭代法的公式

对于一元非线性方程 $f(x)=0$，其等价方程为

$$x=\varphi(x)$$

式中，$\varphi(x)$是非线性连续函数. 因此，求非线性方程 $f(x)=0$ 的根 x^*，其本质是求 $\varphi(x)$ 的不动点. 本节我们将讨论不动点问题的解，以及不动点问题与我们想要解决的非线性方程求根问题之间的关系.

从某个初始值 x_0 开始，构造如下迭代公式

$$x_{k+1}=\varphi(x_k)$$

将初始值 x_0 代入上述方程的右端，可以得到 x_1，再将 x_1 代入上述式子的右端，可以得到 x_2，如此迭代计算，将得到一个序列$\{x_k\}(k=0,1,2,\cdots)$. 若序列收敛到极限 x^*，则称迭代是收敛的.

上述迭代法是一种逐次逼近的方法，其基本思想是用某种固定格式反复校正根的近似值，使之逐步精确，最后达到所需的精度.

2.2.1.2 简单迭代法的几何意义

如图 2.3 所示，将求方程 $f(x)=0$ 的根的问题，转化为求 $\begin{cases}y=\varphi(x)\\y=x\end{cases}$ 两曲线的交点问题，交点的横坐标就是方程的根 x^*.

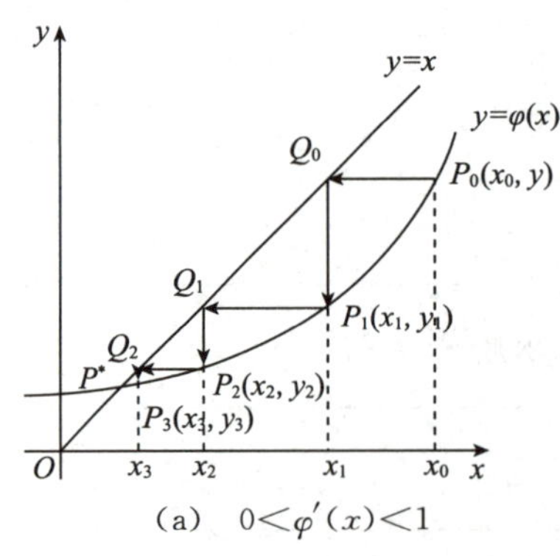

(a) $0<\varphi'(x)<1$

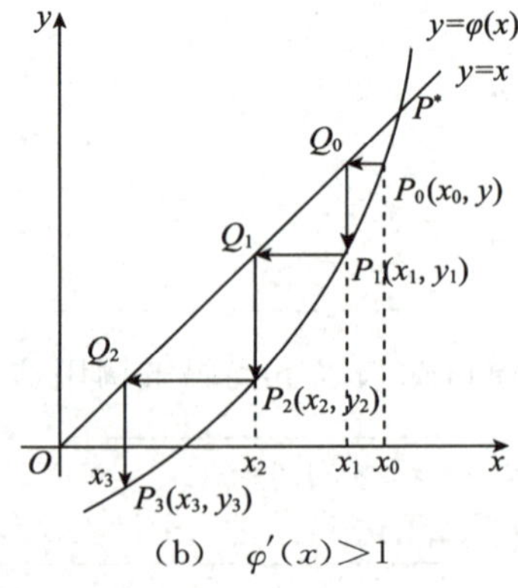

(b) $\varphi'(x)>1$

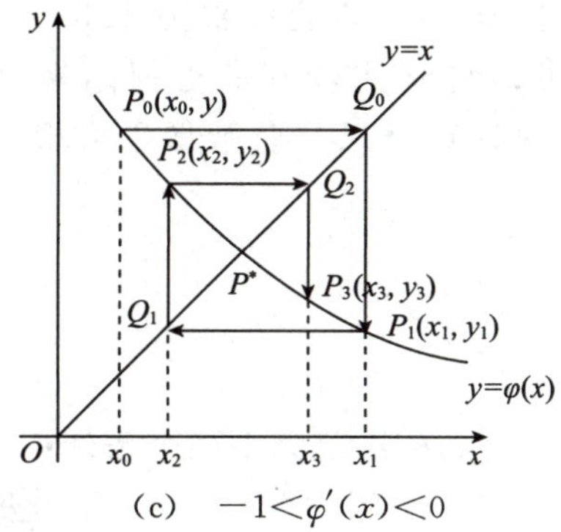

(c)　$-1<\varphi'(x)<0$

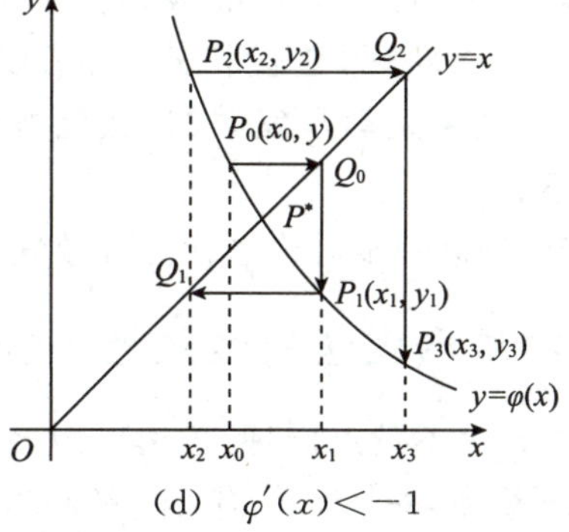

(d)　$\varphi'(x)<-1$

图 2.3　迭代法的几何意义

例 2-4　求 $x^3+4x^2-10=0$ 在 $x_0=1.5$ 附近的根.

解:非线性方程可以写成如下几种等价形式：

①$x=\varphi_1(x)=x-x^3-4x^2+10$;

②$x=\varphi_2(x)=\sqrt{-4x+\dfrac{10}{x}}$;

③$x=\varphi_3(x)=\dfrac{1}{2}\sqrt{10-x^3}$;

④$x=\varphi_4(x)=\left(\dfrac{10}{4+x}\right)^{\frac{1}{2}}$;

⑤$x=\varphi_5(x)=x-\dfrac{x^3+4x^2-10}{3x^2+8x}$.

取初始值 $x_0=1.5$,则不同形式下的计算结果如表 2.2 所示.

表 2.2　不同迭代格式下的计算结果

k	①	②	③	④	⑤
0	1.5	1.5	1.5	1.5	1.5
1	−0.875	0.816496581	1.286953768	1.348399725	1.373333333
2	−469.7	2.996908988	1.402540804	1.367376372	1.365262015
3	1.03×10^8	$(-8.65097195)^{\frac{1}{2}}$	1.345458374	1.364957015	1.365230014
4			1.375170253	1.365264748	1.365230013
5			1.360094193	1.365225594	
6			1.367846968	1.365230576	
7			1.363887004	1.365229942	
8			1.365916734	1.365230022	
9			1.364878217	1.365230012	
10			1.365410062	1.365230014	
15			1.365223680	1.365230013	
20			1.365230236		
25			1.365230006		
30			1.365230013		

根据对分区间法可得，非线性方程满足精度为 10^{-9} 的近似根为 1.365230013，而根据表 2.2 可以发现，迭代格式③、④以及⑤可以得到比较好的近似结果，而迭代格式①，其计算结果显然是发散的，迭代格式②出现计算结果是负数取平方根，计算显然无法进行下去.

下一节，将进一步讨论迭代法收敛性的判断.

2.2.2 简单迭代法的收敛性定理

定理 2-1 （不动点定理）连续可微函数 $\varphi(x)\in[a,b]$ 满足如下两个条件：

①对任意的 $x\in[a,b]$，有 $a\leqslant\varphi(x)\leqslant b$.

②存在常数 $0<L<1$，对于任意 $x\in[a,b]$ 有

$$|\varphi'(x)|\leqslant L<1$$

迭代法的收敛性与收敛阶

则方程 $x=\varphi(x)$ 在区间 $[a,b]$ 上存在唯一的不动点 x^*，且对任意的初值 $x_0\in[a,b]$，迭代过程 $x_{k+1}=\varphi(x_k)$ 均收敛于方程的根 x^*.

证明：首先证明根的存在性，考虑辅助函数

$$\phi(x)=\varphi(x)-x$$

可验证 $\phi(a)=\varphi(a)-a\geqslant 0$，$\phi(b)=\varphi(b)-b\leqslant 0$，由连续函数的介值定理可知，存在 $x^*\in[a,b]$，$\phi(x^*)=0$，即 $x^*=\varphi(x^*)$.

再证迭代格式的收敛性，注意到

$$|x_k-x^*|=|\varphi(x_{k-1})-\varphi(x^*)|=|\varphi'(\xi)(x_{k-1}-x^*)|\leqslant L|x_{k-1}-x^*|$$

式中，ξ 是介于 x_{k-1} 与 x^* 之间的一点. 反复利用该式，如此有

$$|x_k-x^*|\leqslant L|x_{k-1}-x^*|\leqslant L^2|x_{k-2}-x^*|\leqslant\cdots\leqslant L^k|x_0-x^*|$$

因此由条件②可知 $\lim\limits_{k\to\infty}x_k=x^*$.

关于唯一性，假设有两个解 $x^*,\bar{x}\in[a,b]$，由微分中值定理可得

$$|x^*-\bar{x}|=|\varphi(x^*)-\varphi(\bar{x})|=|\varphi'(\xi)(x^*-\bar{x})|\leqslant L|x^*-\bar{x}|$$

由于 $L<1$，必有 $x^*=\bar{x}$ 成立.

推论 2-1 在定理 2-1 的条件下，有误差估计式

$$|x^*-x_k|\leqslant\frac{L}{1-L}|x_k-x_{k-1}|\text{，验后误差估计式}\tag{2.2}$$

$$|x^*-x_k|\leqslant\frac{L^k}{1-L}|x_1-x_0|\text{，验前误差估计式}\tag{2.3}$$

只要相邻两次迭代值的偏差充分小，就能保证迭代值足够准确，因而用 $|x_k-x_{k-1}|$ 控制迭代过程的结束.

例 2-5 求方程 $x=e^{-x}$ 在 $\left[\frac{1}{2},\ln 2\right]$ 中的根，要求误差不超过 10^{-4}.

解：取迭代函数为 $\varphi(x)=e^{-x}$，其迭代格式为

$$x_{k+1}=\varphi(x_k)=e^{-x_k},k=0,1,2,3,\cdots$$

则任取 $x\in\left[\frac{1}{2},\ln 2\right]$，迭代函数的导数 $\varphi'(x)=-e^{-x}<0$，因此 $\varphi(x)$ 单调递减，所以

$$\frac{1}{2}=\mathrm{e}^{-\ln 2}=\varphi(\ln 2)\leqslant\varphi(x)\leqslant\varphi\left(\frac{1}{2}\right)=\mathrm{e}^{-\frac{1}{2}}=0.60653<0.69315=\ln 2$$

$|\varphi'(x)|=\mathrm{e}^{-x}<\mathrm{e}^{-\frac{1}{2}}=0.60653=L<1$，因此，由定理 2-1 可知，迭代格式是收敛的.

要使误差不超过 10^{-4}，需满足

$$|x_k-x^*|\leqslant\frac{L}{1-L}|x_k-x_{k-1}|<10^{-4}$$

即

$$|x_k-x_{k-1}|<\frac{1-L}{L}\times10^{-4}=\frac{1-0.60653}{0.60653}\times10^{-4}\approx6.5862\times10^{-5}$$

取初始点 $x_0=0.5$，迭代过程见表 2.3.

表 2.3　例 2-5 迭代过程计算结果

k	x_k	k	x_k
0	0.500000	10	0.566907
1	0.606531	11	0.567277
2	0.545239	12	0.567076
3	0.579703	13	0.567186
4	0.560065	14	0.567119
5	0.571172	15	0.567157
6	0.564863	16	0.567135
7	0.568438	17	0.567148
8	0.566409	18	0.567141
9	0.567560		

方程的准确解为 $x^*=0.567143$，近似解 $x_{18}=0.567141$，且其实际误差满足

$$|x_{18}-x^*|=|0.567141-0.567143|=0.000002=0.2\times10^{-5}<10^{-4}$$

对于例 2-5，可以发现：

①对于给定精度 $\varepsilon>0$，理论上要求当 $|x_k-x^*|<\varepsilon$ 时算法终止，遗憾的是在迭代过程中 $|x_k-x^*|$ 是不可知的，因此可以用 $|x_{k+1}-x_k|$ 作为迭代收敛的判别依据，即对于给定的精度 $\varepsilon>0$，当 $|x_{k+1}-x_k|<\varepsilon$ 时算法停止. 此时的精度 ε 不再是近似值与准确值之间的误差限，而是判断一个算法收敛的精度要求.

②迭代算法有不收敛的可能，遇到这种情况时，不能让算法无休止地迭代下去，所以算法需要规定迭代超过多少次还没有收敛时，判定迭代失败，即要规定最大的迭代次数，这一原则也适用于其他迭代算法.

2.2.3　局部收敛性

定义 2-1　如果存在 x^* 的某个邻域 $S=\{x|\ |x-x^*|\leqslant\delta\}\subset[a,b]$，使迭代过程 $x_{k+1}=\varphi(x_k)$ 对于任意初值 $x_0\in S$ 均收敛，则称迭代过程 $x_{k+1}=\varphi(x_k)$ 在根 x^* 附近具有局部收敛性.

定理 2-2　设 $\varphi(x)$ 在 $x=\varphi(x)$ 的根 x^* 附近有连续的一阶导数，且有

$$|\varphi'(x^*)|<1$$

则迭代格式 $x_{k+1}=\varphi(x_k)$ 在根 x^* 附近具有局部收敛性.

证明：由于 $|\varphi'(x^*)|<1$，存在充分小的邻域 $S=\{x|\ |x-x^*|\leqslant\delta\}\subset[a,b]$，使得下面式子成立：

$$|\varphi'(x)|\leqslant L<1$$

式中，$0\leqslant L<1$，由微分中值定理可知，存在 $\xi\in S$，使得

$$|\varphi(x)-x^*|=|\varphi(x)-\varphi(x^*)|=\varphi'(\xi)|x-x^*|\leqslant L|x-x^*|<|x-x^*|\leqslant\delta$$

因此 $\varphi(x)$ 在区间 $[x^*-\delta,x^*+\delta]$ 满足不动点定理的条件，即由 $x_{k+1}=\varphi(x_k)$ 生成的序列对于任意 $x_0\in S$ 均收敛于 x^*.

由于在实际应用中根 x^* 事先不知道，故条件

$$|\varphi'(x^*)|<1$$

无法验证. 但已知根的初值 x_0 在根 x^* 邻域内，又根据 $\varphi'(x)$ 的连续性，采用 $|\varphi'(x_0)|<1$ 来代替 $|\varphi'(x^*)|<1$，可用于判断迭代的收敛性.

例 2-6 求方程 $x=e^{-x}$ 在 $x=0.5$ 附近的一个根，按 5 位小数计算，结果的精度要求为 $\varepsilon=10^{-3}$.

解：迭代公式为 $x_{k+1}=e^{-x_k}$，取 $\varphi(x)=e^{-x}$，

$$|\varphi'(0.5)|=|(e^{-0.5})'|=e^{-0.5}<0.61<1$$

迭代公式 $x_{k+1}=e^{-x_k}$ 收敛. 计算结果见表 2.4.

表 2.4 例 2-6 计算结果

k	x_k	$\lvert x_k-x_{k-1}\rvert$
0	0.5	
1	0.60653	0.10653
2	0.54524	0.06129
3	0.57970	0.03446
4	0.56007	0.01963
5	0.57117	0.01110
6	0.56486	0.00631
7	0.56844	0.00358
8	0.56641	0.00203
9	0.56756	0.00115
10	0.56691	0.00065

因为

$$|x_{10}-x_9|=0.00065<\varepsilon$$

故 $x^*\approx x_{10}\approx0.567$.

例 2-6 求近似值 x^* 的迭代计算步骤如下：

①确定 $f(x)=0$ 的等价形式 $x=\varphi(x)$，选初值 x_0，判断收敛性 $|\varphi'(x_0)|<1$.

②由公式 $x_1=\varphi(x_0)$ 计算 x_1.

③如果 $|x_1-x_0|\leqslant\varepsilon$，则停止计算，取 $x^*=x_1$；否则令 $x_0=x_1$，重复步骤②和③，直到计算停止.

例 2-7　迭代过程为 $x_{k+1}=x_k+c(x_k^2-6)$，当局部收敛到$\sqrt{6}$时，确定 c 的值.

解：迭代函数 $\varphi(x)=x+c(x^2-6)$，$\varphi'(x)=1+2cx$，当局部收敛到$\sqrt{6}$时，

$$|\varphi'(\sqrt{6})|=|1+2c\sqrt{6}|<1$$

$$-1<1+2c\sqrt{6}<1$$

故有

$$-\frac{1}{\sqrt{6}}<c<0$$

2.2.4　收敛速度与收敛阶

由例 2-6 可发现不同的迭代公式的收敛速度差异很大，为了度量算法的收敛速度，现引入收敛阶的概念.

定义 2-2　设迭代过程 $x_{k+1}=\varphi(x_k)$收敛于方程 $x=\varphi(x)$的根 x^*，如果存在常数 $p\geqslant 1$，$c>0$，使得

$$\lim_{k\to\infty}\frac{|x_{k+1}-x_k|}{|x_k-x^*|^p}=c$$

则称序列$\{x_k\}$为 p 阶收敛，c 称为渐近误差常数. $p=1$ 时称为线性收敛；$p>1$ 称为超线性收敛，其中 $p=2$ 时称为平方收敛.

根据定义 2-2 的表达式可知，阶数 p 越高，收敛速度越快.

定理 2-3　对于迭代过程 $x_{k+1}=\varphi(x_k)$，设 $\varphi(x)$在根 x^* 处有连续的 p 阶导数而且满足

$$\varphi'(x^*)=\varphi''(x^*)=\cdots=\varphi^{(p-1)}(x^*)=0,\varphi^{(p)}(x^*)\neq 0$$

则迭代格式 $x_{k+1}=\varphi(x_k)$是 p 阶收敛.

证明：因为 $\varphi'(x^*)=0$，迭代格式 $x_{k+1}=\varphi(x_k)$在 x^* 邻域有局部收敛性，将 $\varphi(x_k)$在 x_k处 Taylor 展开到 p 阶，有

$$\varphi(x_k)=\varphi(x^*)+\varphi'(x^*)(x_k-x^*)+\cdots+\frac{1}{(p-1)!}\varphi^{(p-1)}(x^*)(x_k-x^*)^{p-1}+\frac{1}{p!}\varphi^{(p)}(\xi)(x_k-x^*)^p$$

其中 ξ 介于 x_k和 x^* 之间. 已知 $\varphi'(x^*)=\varphi''(x^*)=\cdots=\varphi^{(p-1)}(x^*)=0$，$\varphi^{(p)}(x^*)\neq 0$，则有

$$x_{k+1}-x^*=\varphi(x_k)-\varphi(x^*)=\frac{1}{p!}\varphi^{(p)}(\xi)(x_k-x^*)^p$$

且

$$\lim_{k\to\infty}\frac{|x_{k+1}-x^*|}{|x_k-x^*|^p}=\lim_{k\to\infty}\left|\frac{\varphi^{(p)}(\xi)}{p!}\right|=\left|\frac{\varphi^{(p)}(x^*)}{p!}\right|\neq 0$$

从而得迭代格式 $x_{k+1}=\varphi(x_k)$是 p 阶收敛的.

2.2.5　Aitken-Steffensen 加速法

对于收敛的迭代过程，只要迭代次数足够多，就可以求出满足精度要求的近似根. 但有时迭代法收敛速度太慢，导致计算效率太低，因此，提高迭代法的收敛速度是一个重要课题.

取方程的初始近似解 x_0，令 $y_0=\varphi(x_0)$，在迭代格式收敛的情况下，一般来说 y_0 比 x_0 更接近方程的准确解 x^*. 由中值定理有

$$y_0-x^*=\varphi(x_0)-\varphi(x^*)=\varphi'(\xi)(x_0-x^*)$$

式中，$\xi\in[x^*,x_0]$. 当 (x^*,x_0) 范围不大时，记 $\varphi'(\xi)$ 的估计值为 c，则有

$$y_0-x^*\approx c(x_0-x^*)$$

从该式解得

$$x^*\approx\frac{1}{1-c}y_0-\frac{c}{1-c}x_0$$

以此作为近似解得

$$x_1=\frac{1}{1-c}y_0-\frac{c}{1-c}x_0$$

基于这一思想，可得

$$\begin{cases}y_k=\varphi(x_k)\\x_{k+1}=\dfrac{1}{1-c}y_k-\dfrac{c}{1-c}x_k\end{cases}$$

对于上述加速的方法，最大的问题是要估计 $\varphi(x)$ 的导数，这通常比较困难，下面我们考虑用两次迭代的信息估计出 $c=\varphi'(\xi)$ 的值.

取初始点 x_0，计算 $y_0=\varphi(x_0)$，$z_0=\varphi(y_0)$，仍记 $c=\varphi'(\xi)$，则有

$$\begin{cases}y_0-x^*\approx c(x_0-x^*)\\z_0-x^*\approx c(y_0-x^*)\end{cases}$$

解此联立方程，消去 c 得

$$\frac{y_0-x^*}{z_0-x^*}\approx\frac{x_0-x^*}{y_0-x^*}$$

由此可得

$$x^*\approx x_0-\frac{(y_0-x_0)^2}{x_0-2y_0+z_0}=x_1$$

这就是著名的 Aitken-Steffensen(艾特金-斯蒂芬森)加速公式，其迭代格式如下：

$$\begin{cases}y_k=\varphi(x_k)\\z_k=\varphi(y_k)\\x_{k+1}=x_k-\dfrac{(y_k-x_k)^2}{z_k-2y_k+x_k}\end{cases},k=0,1,2,\cdots \tag{2.4}$$

Aitken-Steffensen 加速法改进了不动点迭代法的收敛速度与收敛阶，通过证明可以发现只要 $\varphi'(x^*)\neq1$，不管原有的迭代算法 $x_{k+1}=\varphi(x_k)$ 是否收敛，由它构造的 Aitken-Steffensen 迭代法至少是二阶收敛的.

例 2-8 用 Aitken-Steffensen 加速法求解非线性方程 $f(x)=x^3-x-1=0$ 在区间 $[1,2]$ 内的根.

解：根据 Aitken-Steffensen 迭代公式：

$$\begin{cases}y_k=x_k^3-x_k-1\\z_k=y_k^3-y_k-1\\x_{k+1}=x_k-\dfrac{(y_k-x_k)^2}{z_k-2y_k+x_k}\end{cases},k=0,1,2,\cdots$$

取初始值 $x_0=1.5$，计算结果如表 2.5.

表 2.5　例 2-8 计算结果

k	x_k	y_k	z_k
0	1.5	2.37500	12.3965
1	1.41629	1.84092	5.23888
2	1.35565	1.49140	2.31728
3	1.32895	1.34710	1.44435
4	1.32480	1.32518	1.32714
5	1.32472		

2.3　Newton 迭代法

2.3.1　Newton 法的公式推导与收敛性分析

2.3.1.1　迭代公式的建立

对于非线性方程 $f(x)=0$，已知 x^* 为方程的根，x_k 为方程的一个近似值. 将函数 $f(x)$ 在 x_k 处进行 Taylor 展开，则有

Newton 迭代法

$$f(x)=f(x_k)+f'(x_k)(x-x_k)+\frac{f''(\xi)}{2!}(x-x_k)^2+\cdots$$

式中，$\xi\in[x^*,x_k]$，忽略二阶以上的高阶项，有

$$f(x)\approx f(x_k)+f'(x_k)(x-x_k)$$

将非线性方程的根 x^* 代入 $f(x)=0$，有

$$0=f(x^*)\approx f(x_k)+f'(x_k)(x^*-x_k)$$

得到

$$x^*\approx x_k-\frac{f(x_k)}{f'(x_k)}$$

将上述式子的右端取值为 x_{k+1}，则 x_{k+1} 比 x_k 更接近准确值 x^*，且

$$x_{k+1}=x_k-\frac{f(x_k)}{f'(x_k)} \tag{2.5}$$

这就是 Newton 迭代公式，其对应的迭代函数为

$$\varphi(x)=x-\frac{f(x)}{f'(x)}$$

2.3.1.2　Newton 迭代法的几何意义

图 2.4 是使用 Newton 迭代法求解非线性方程 $f(x)=0$ 根的迭代过程. 取初始近似解 x_0，可得到曲线 $y=f(x)$ 上的点 $(x_0,f(x_0))$，过此点作曲线的切线，则该切线的斜率为 $f'(x_0)$，且切线与 x 轴的交点的横坐标为 x_1. 同样地对曲线上的点 $(x_1,f(x_1))$，过此点再作曲线的切线，此切线与 x 轴也有一个交点 x_2，如此反复执行此过程，迭代点列将收敛到方程的解 x^*.

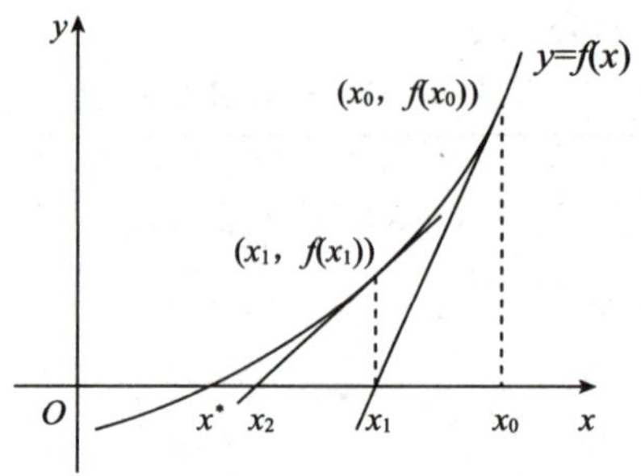

图 2.4　Newton 迭代法的几何意义

例 2-9　证明方程 $x^5+5x+1=0$ 在区间$(-1,0)$内有唯一的实根,并用 Newton 迭代法求这个根的近似值,使误差不超过 0.01.

解:令 $f(x)=x^5+5x+1$,则 $f(x)$在$[-1,0]$上连续,又

$$f(-1)=-5<0, f(0)=1>0$$

故由介值定理知,在区间$(-1,0)$内至少存在一个 $x^*\in(-1,0)$,使 $f(x^*)=0$.

又由 $f'(x)=5x^4+5>0$,知 $f(x)$在$[-1,0]$上单调增加,因而方程 $x^5+5x+1=0$ 在区间$(-1,0)$内有唯一实根.

下面用 Newton 迭代法求这个根的近似值. 根据 Newton 迭代公式,有

$$x_{k+1}=x_k-\frac{f(x_k)}{f'(x_k)}=x_k-\frac{x_k^5+5x_k+1}{5x_k^4+5}$$

取 $x_0=-1$,有 $x_1=-0.5$,$x_2=-0.26$,$x_3=-0.20$,$x_4=-0.20$,所以 $x^*\approx-0.20$.

例 2-10　基于 Newton 迭代法,推导计算$\sqrt[3]{a}$的公式,并计算 $\sqrt[3]{411.7910}$.

解:令 $x=\sqrt[3]{a}$,则 $x^3-a=0$,求$\sqrt[3]{a}$是求方程 $f(x)=x^3-a=0$ 的实根.

因为 $f'(x)=3x^2$,则计算立方根的 Newton 迭代公式为

$$x_{k+1}=x_k-\frac{x_k^3-a}{3x_k^2}=\frac{1}{3}\left(2x_k+\frac{a}{x_k^2}\right), k=0,1,\cdots$$

当 $a=411.7910$ 时,取初值 $x_0=8$,迭代 4 次可得

$$x_1=7.48, x_2=7.439977, x_3=7.439760, x_4=7.439760$$

所以 $\sqrt[3]{411.7910}\approx7.439760$.

以下给出用 Newton 迭代法求解非线性方程的 MATLAB 程序:

newton.m 文件

```
function x=newton(f,df,x0,e,N)
% 用途:牛顿迭代法解非线性方程 f(x)=0
% 格式:x=newton(f,df,x0,e,N)  f 和 df 分别表示 f(x)及其导数的函数句柄或内嵌函数,x0 为迭代初值,e 为精度要求,x 返回数值解,并设置迭代次数上限 N 以防发散
t1=clock;
if nargin<5,N=1500;end
if nargin<4,e=1e-2;end
x=x0;
```

```
x0=x+2*e;
i=0;
while abs(x0-x)>e&i<N,
      i=i+1;
      x0=x;
      x=x0-feval(f,x0)/feval(df,x0);
      disp(x);
end
h=feval(f,x0);
t2=clock;
t=etime(t2,t1)
disp('迭代次数:'),i,disp('计算时间:'),t,disp('结果:'),h
if i=N,warning('已达迭代次数上限');end
```

在命令窗口输入以下代码来调用这个函数求解例 2-10：

```
>>f=inline('x^3-411.7910');
>>df=inline('3*x^2');
>>x=newton(f,df,8,1e-6,100)
```

可得以下结果：

```
迭代次数:
i=
     4
计算时间:
t=
     0.001000000000005
结果:
x=
     7.439760
```

2.3.1.3　Newton 迭代法的收敛性与收敛阶

(1) 局部收敛性

Newton 迭代函数为

$$\varphi(x)=x-\frac{f(x)}{f'(x)}$$

则有

$$\varphi'(x)=1-\frac{[f'(x)]^2-f(x)f''(x)}{[f'(x)]^2}=\frac{f(x)f''(x)}{[f'(x)]^2}$$

因为 $\varphi'(x^*)=0$，满足局部收敛条件 $|\varphi'(x^*)|<1$，因此 Newton 迭代法是局部收敛.

(2) 收敛速度

定理 2-4 设函数 $f(x)$满足 $f(x^*)=0, f'(x^*)\neq 0$,且 $f''(x^*)$在 x^* 邻域内连续,则 Newton 迭代法在 x^* 处局部收敛,且至少为二阶收敛. 并有

$$\lim_{k\to\infty}\frac{e_{k+1}}{e_k^2}=\frac{f''(x^*)}{2f'(x^*)} \tag{2.6}$$

证明:因为 $f(x^*)=0$,而 $f'(x^*)\neq 0$,在 x^* 邻域内,有

$$\varphi'(x^*)=\frac{f(x^*)f''(x^*)}{[f'(x^*)]^2}=0$$

且

$$\varphi''(x^*)=\frac{f''(x^*)}{f'(x^*)}\neq 0$$

由定理 2-3 可知,Newton 迭代法在 x^* 处局部收敛,且至少 2 阶收敛.

对 $f(x)$在 x_k 处泰勒展开,有

$$f(x)=f(x_k)+f'(x_k)(x-x_k)+\frac{f''(\xi_k)}{2!}(x-x_k)^2$$

其中 ξ_k 在 x^* 和 x_k 之间,且

$$0=f(x^*)=f(x_k)+f'(x_k)(x^*-x_k)+\frac{f''(\xi_k)}{2!}(x^*-x_k)^2$$

故有

$$\begin{aligned}x^*&=x_k-\frac{f(x_k)}{f'(x_k)}-\frac{f''(\xi_k)}{2!f'(x_k)}(x^*-x_k)^2\\&=x_{k+1}-\frac{f''(\xi_k)}{2!f'(x_k)}(x^*-x_k)^2\end{aligned}$$

从而有

$$\frac{x_{k+1}-x^*}{(x_k-x^*)^2}=\frac{f''(\xi_k)}{2f'(x_k)}$$

因此

$$\lim_{k\to\infty}\frac{e_{k+1}}{e_k^2}=\frac{f''(x^*)}{2f'(x^*)}$$

2.3.2 Newton 下山法

定理 2-4 证明了 Newton 迭代法在 x^* 附近局部二阶收敛,但当初始值 x_0 偏离 x^* 较远时,则 Newton 迭代法可能存在不收敛的情况或收敛很慢.

例 2-11 用 Newton 迭代法求非线性方程 $f(x)=x^3-x-1=0$ 在 $x_0=0.58$ 附近的根.

解:取初始值 $x_0=0.58$,根据 Newton 迭代公式,有

$$x_{k+1}=x_k-\frac{x_k^3-x_k-1}{3x_k^2-1}$$

计算结果如表 2.6 所示.

表 2.6　Newton 迭代法计算结果

k	x_k	k	x_k
0	0.5800	9	5.9473
1	151.1113	10	4.0121
2	100.7424	11	2.7525
3	67.1638	12	1.9654
4	44.7793	13	1.5285
5	29.8580	14	1.3550
6	19.9131	15	1.3255
7	13.2874	16	1.3247
8	8.8769		

从表 2.6 可以发现，当初始值 x_0 偏离 x^* 较远时，迭代一次得 $x_1=151.1113$，这个结果比 x_0 离方程的根更远，从而使得迭代法的收敛速度变慢.

为了解决 Newton 迭代过程中遇到的此类问题，构造一个改进的 Newton 法，其算法的基本思想是在 Newton 迭代公式中增加一个参数 α_k，称为 Newton 下山迭代公式：

$$x_{k+1}=x_k-\alpha_k\frac{f(x_k)}{f'(x_k)} \tag{2.7}$$

式中，参数 α_k 称为下山因子，其目的是保证下面式子成立：

$$|f(x_{k+1})|<|f(x_k)|$$

因此，其改进了 Newton 迭代法对初值的依赖性，当所选初值不合适时(不满足单调性 $|f(x_{k+1})|<|f(x_k)|$)，可以通过缩小下山因子减小 x_{k+1} 与 x_k 的距离，若不满足，则继续缩小下山因子. 下山因子可用逐步搜索法确定，即先令下山因子 $\alpha_k=1$，判断单调性是否成立，若不成立将缩小 $\frac{1}{2}$，直到满足单调性为止.

对例 2-11，取初始值 $x_0=0.58$，利用 Newton 下山法可得到如表 2.7 的计算结果.

表 2.7　Newton 下山法计算结果

k	x_k
0	0.5800
1	1.3538
2	1.3255
3	1.3247
4	1.3247

2.3.3 正割法

2.3.3.1 正割法公式的建立

利用 Newton 迭代法求非线性方程的近似根，有个明显的缺点是每迭代一次都需要计算 $f'(x_k)$，如果函数 $f(x)$ 比较复杂，则在计算 $f'(x_k)$ 时存在一些麻烦. 因此，为了避免在每次迭代时计算函数 $f(x)$ 的导数，改用差商

$$\frac{f(x_k)-f(x_{k-1})}{x_k-x_{k-1}}$$

作为 $f'(x_k)$ 的近似值，则 Newton 迭代公式修正为

$$x_{k+1}=x_k-\frac{f(x_k)}{f(x_k)-f(x_{k-1})}(x_k-x_{k-1}),k=1,2,\cdots \tag{2.8}$$

2.3.3.2 正割法的几何意义

设非线性方程 $f(x)=0$，在区间 $[x_1,x_0]$ 内有单根 x^*，选定曲线 $y=f(x)$ 上的两个点 $P_1(x_1,f(x_1))$，$P_0(x_0,f(x_0))$，过这两点作一条直线 $\overline{P_1P_0}$，则有两点式方程

$$\frac{f(x)-f(x_1)}{x-x_1}=\frac{f(x_1)-f(x_0)}{x_1-x_0}$$

即

$$f(x)=f(x_1)-\frac{f(x_1)-f(x_0)}{x_1-x_0}(x-x_1)$$

当 $f(x_0)\neq f(x_1)$ 时，用直线 $\overline{P_0P_1}$（或其延长线）与 x 轴交点 x_2 作为曲线 $y=f(x)$ 与 x 轴交点的近似值，则有

$$x_2=x_1-\frac{f(x_1)}{f(x_1)-f(x_0)}(x_1-x_0)$$

若 $f(x_2)=0$，则 $x^*=x_2$，否则，过 $(x_1,f(x_1))$ 和 $(x_2,f(x_2))$ 作弦，其与轴的交点 x_3，有

$$x_3=x_2-\frac{f(x_2)}{f(x_2)-f(x_1)}(x_2-x_1)$$

再重复上述步骤，有

$$x_{k+1}=x_k-\frac{f(x_k)}{f(x_k)-f(x_{k-1})}(x_k-x_{k-1}),k=1,2,\cdots$$

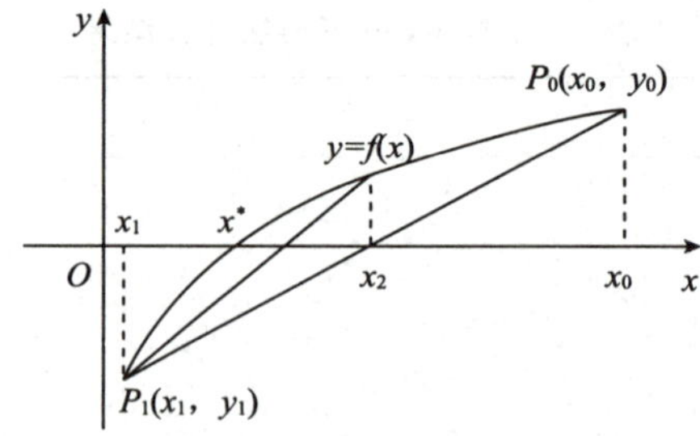

图 2.5 正割法的几何意义

例 2-12 用正割法求方程 $x=e^{-x}$ 在 $[0,1]$ 的一个解，取 $x_0=0.5$，$x_1=0.6$.

解：方程化为 $x-e^{-x}=0$，令 $f(x)=x-e^{-x}$，代入正割法，有

$$x_{k+1}=x_k-\frac{f(x_k)}{f(x_k)-f(x_{k-1})}(x_k-x_{k-1})$$
$$=x_k-\frac{x_k-e^{-x_k}}{(x_k-x_{k-1})-(e^{-x_k}-e^{-x_{k-1}})}(x_k-x_{k-1}),k=1,2,\cdots$$

取初始值 $x_0=0.5$，计算结果如表 2.8.

表 2.8　正割法计算结果

k	x_k
0	0.5
1	0.6
2	0.5675
3	0.5671

故 $x^*\approx x_3\approx 0.567$.

以下给出用正割法求解非线性方程的 MATLAB 程序：

Secant_newton.m 文件

```
function[x,i]=secant_newton(f,x0,x1,e,N)
%用途:正割法解非线性方程 f(x)=0
%格式:[x,i]=secant_newton(f,x0,x1,e,N)  f 表示 f(x)的函数句柄或内嵌函数,x0,x1 为迭代初值,e 为精度要求,i 为迭代次数,x 返回数值解,并设置迭代次数上限 N 以防发散
i=0;
fx0=feval(f,x0);
fx1=feval(f,x1)
while abs(fx1)>e&i<N
    x2=x1-fx1*(x1-x0)/(fx1-fx0);
    x0=x1;
    fx0=fx1;
    x1=x2;
    fx1=feval(f,x1);
    i=i+1;
    x=x1
end
if i==N,waring('已达到迭代次数上限');end
```

在命令窗口输入以下代码来调用这个函数求解例 2-12：

```
>>f=inline('x-exp(-x)');
>>x=secant_newton(f,0.5,0.6,1e-4,100)
```

返回以下结果：

```
x=
    0.5671
```

本章小结

本章主要介绍了求解非线性方程近似根常用的数值方法，有对分区间法、简单迭代法、Aitken-Steffensen 加速法、Newton 迭代法及正割法等. 对分区间法是逐步将含根的有限区间分半，因其收敛速度慢，主要用于为收敛的迭代公式提供初值. 简单迭代法是一种逐次逼近的方法，其前提是已知方程根的初始近似值，通过迭代公式反复校正根的近似值，使之逐步精确化，直到求出满足精度要求的结果.

Newton 迭代法在单根附近具有局部二阶收敛性，但对初值敏感，若初值偏离真解较远，可能发散. 为降低对初值的敏感性，可采用 Newton 下山法. 众所周知，迭代法的收敛速度，即误差下降速度是衡量迭代公式的一个重要准则，但每一次迭代所花的计算量也应作为一个衡量标准. 因此，在构造迭代公式时，应考虑其收敛性、收敛速度及计算量.

本章知识图谱如图 2.6 所示：

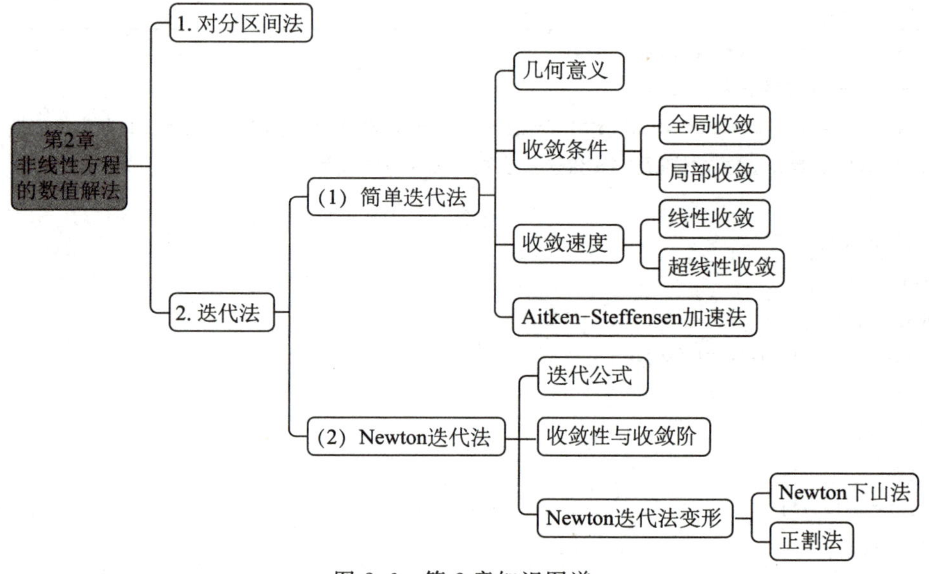

图 2.6 第 2 章知识图谱

习题 2

2.1 证明方程 $x^3+x-3=0$ 在$[1,2]$内有一个根. 若采用对分区间法求误差不大于 10^{-3} 的近似根，则至少应迭代计算多少次？

2.2 用对分区间法求非线性方程 $f(x)=x^3-x-1=0$ 在区间$[1.0,1.5]$内的一个近似根，且绝对误差不超过 0.5×10^{-2}，则至少需要对分区间几次？

2.3 为求方程 $x^3-x^2-1.2=0$ 在 $x_0=1.5$ 附近的一个根，将方程改写成下列等价形式，并建立相应的迭代公式：

(1) $x=1+\dfrac{1.2}{x^2}$，迭代公式 $x_{k+1}=1+\dfrac{1.2}{x_k^2}$

(2) $x^3 \doteq 1.2+x^2$，迭代公式 $x_{k+1}=\sqrt[3]{1.2+x_k^2}$

(3) $x^2=\dfrac{1.2}{x-1}$，迭代公式 $x_{k+1}=\sqrt{\dfrac{1.2}{x_k-1}}$

(4) $x^2=x^3-1.2$，迭代公式 $x_{k+1}=\sqrt{x_k^3-1.2}$

试分析每种迭代公式的收敛性，并选取一种公式求出具有 4 位有效数字的近似值.

2.4　用 Newton 迭代法求解方程 $f(x)=x^3-3x^2-1=0$ 在 $x_0=3$ 附近的实根，要求满足精度要求 $|x_{k+1}-x_k|<10^{-3}$.

2.5　分别用对分区间法和牛顿法求 $x-\cos x=0$ 在 $x_0=1$ 附近的实根，要求精确到小数点后第 4 位.

2.6　求解方程 $f(x)=x-1.2-0.85\sin x=0$ 的根，尽量用收敛速度快的方法.

2.7　用正割法求非线性方程 $f(x)=\sin x-\dfrac{x^2}{2}=0$ 在 $x_0=1$ 附近的一个根，且要求精确到小数点后第 3 位.

2.8　对于非线性方程 $15-5x+2\sin x=0$，其迭代公式为

$$x_{k+1}=3+\frac{2}{5}\sin x_k$$

(1) 证明：它对于任意的初值均收敛，且为线性收敛；

(2) 取 $x_0=2$，求误差不超过 10^{-4} 的近似根.

2.9　求方程 $f(x)=\sin x-2x-3$ 在 $[-4,0]$ 中的解，要求误差的绝对值不超过 10^{-3}.

(1) 选用简单迭代公式：

$$x_{k+1}=\frac{\sin x_k-3}{2},k=0,1,\cdots$$

即 $\varphi(x)=\dfrac{\sin x-3}{2}$，证明此迭代公式收敛，并以 $x_0=-2.5$，迭代计算出满足误差要求的近似值.

(2) 改用 Aitken-Steffensen 加速法，以 $x_0=-2.5$，迭代计算出满足误差要求的近似值，并比较(1)和(2)两种迭代方法的收敛快慢.

2.10　设 $f(x)=(x^3-a)^2$，写出解 $f(x)=0$ 的 Newton 迭代公式，并证明迭代公式是线性收敛的.

2.11　选择适当的初始点，试用 Newton 迭代法求出下列方程满足精度要求为 $\varepsilon=10^{-3}$ 的解.

(1) $x=\dfrac{1}{3}(2-e^{-x}+x^2)$

(2) $x^2+10\cos x=0$

2.12　用 Aitken-Steffensen 加速法求方程 $x=e^{-x}$ 在 $\left[\dfrac{1}{2},\ln 2\right]$ 内的根.

第3章 线性方程组的直接解法

在科学研究与工程计算中，许多问题最后归结为求解线性方程组. 例如，电学中的网络问题、船体数学放样中建立三次样条(cubic spline) 函数问题、用最小二乘法求解实验数据的曲线拟合问题、用差分法或有限元法求解常微分方程边值问题与偏微分方程边值问题等，都可演化为求解一个或若干个线性方程组的问题. 而这些方程组的系数矩阵大致分为两种，一种是低阶稠密矩阵(阶数低于150的矩阵)，另一种是大型稀疏矩阵(即阶数高且零元素较多的矩阵). 对于小规模的线性方程组($n\leqslant 3$)，可以通过简单的方法求解，但当系数矩阵阶数超过4的时候，其求解就非常费时、费力，计算机求解就显得十分必要. 因此线性方程组的求解是数值分析课程最基本的内容之一.

线性方程组的数值解法一般分为两大类：直接法和迭代法.

直接法也称精确解法，即经过有限次的算术运算，无须迭代可直接求得方程组精确解的方法(若计算过程中没有舍入误差). 实际计算中由于存在舍入误差，往往只能求得线性方程组的近似解. 线性代数课程中学过的克拉默(Cramer)法则就是一种直接法. 利用克拉默法则求解 n 元一次方程组，需要计算 $n+1$ 个 n 阶行列式，每计算一个 n 阶行列式，需要进行 $(n-1)n!$ 次乘法，求得结果还需要进行 n 次除法. 总的运算次数为

$$N=(n+1)(n-1)n!+n=(n^2-1)n!+n$$

因此，对于高阶线性方程的求解，需要寻找其他的解决方法. 直接解法中最具有代表性的算法是 Gauss 消去法，其他算法都是它的变形和改进.

迭代法就是将线性方程组变形为某种迭代公式，给出初始解 x_0，通过迭代公式逐渐获得满足精度要求的近似解，但存在着迭代是否收敛及收敛快慢的问题.

这两种解法都有广泛的应用，本章先讨论直接法，下一章讨论迭代法.

3.1 Gauss 消去法

Gauss 消去法

考虑 n 元线性方程组：

$$\begin{cases} a_{11}x_1+a_{12}x_2+\cdots+a_{1n}x_n=b_1 \\ a_{21}x_1+a_{22}x_2+\cdots+a_{2n}x_n=b_2 \\ \qquad\vdots \\ a_{n1}x_1+a_{n2}x_2+\cdots+a_{nn}x_n=b_n \end{cases} \tag{3.1}$$

常记为矩阵形式

$$\boldsymbol{A}\boldsymbol{x}=\boldsymbol{b} \tag{3.2}$$

式中，

$$\boldsymbol{A}=\begin{bmatrix} a_{11} & a_{12} & \cdots & a_{1n} \\ a_{21} & a_{22} & \cdots & a_{2n} \\ \vdots & \vdots & & \vdots \\ a_{n1} & a_{n2} & \cdots & a_{nn} \end{bmatrix},\boldsymbol{x}=\begin{bmatrix} x_1 \\ x_2 \\ \vdots \\ x_n \end{bmatrix},\boldsymbol{b}=\begin{bmatrix} b_1 \\ b_2 \\ \vdots \\ b_n \end{bmatrix}$$

称 $\boldsymbol{A}$ 为系数矩阵，$\boldsymbol{x}$ 为未知向量，$\boldsymbol{b}$ 为右端项.

3.1.1　Gauss 顺序消去法

我国汉代《九章算术》第八章“方程”中的“禾实问题”：

今有上禾三秉，中禾二秉，下禾一秉，实三十九斗；上禾二秉，中禾三秉，下禾一秉，实三十四斗；上禾一秉，中禾二秉，下禾三秉，实二十六斗.

问：上、中、下三禾，一秉各几何？

《九章算术》

成书：秦汉时期

教科书：唐宋时期

全书共 9 个章节，采用问题集的形式，收有 246 个与生产、生活实践有联系的应用问题. 每道题有问（题目）、答（答案）、术（解题的步骤），是当时世界上最简练有效的应用数学，它的出现标志着中国古代数学体系的形成.

第一章　方田（几何图形的面积、四则运算）
第二章　粟米（按比例折换）
第三章　衰分（按比例分配）
第四章　少广（面积、体积、开方等）
第五章　商功（土石工程、体积计算）
第六章　均输（摊派，赋税）
第七章　盈不足（盈亏）
第八章　方程（负数、分离系数求方程组）
第九章　勾股（勾股数问题的通解）

《九章算术》中记录了“禾实问题”的求解方法，这是世界上最早的完整的线性方程组的解法，所用的消元（elimination）过程相当于线性代数课程中的线性变换，而其标准化的、适合在计算机上编程计算的方法就是 Gauss 消去法.

下面举一个简单的例子加以说明.

例 3-1　用 Gauss 顺序消去法求解三元一次方程组

$$\begin{cases} 2x_1-x_2+2x_3=4 \\ x_1+2x_2+3x_3=9 \\ 2x_1-2x_2-3x_3=-3 \end{cases} \tag{3.3}$$

解：消元：第 1 步，将方程组（3.3）第 1 行的 $\left(-\dfrac{1}{2}\right)$ 倍加到第 2 行，消去第 2 行中的 x_1，并将第 1 行的（−1）倍加到第 3 行，消去第 3 行中的 x_1，可得

$$\begin{cases}2x_1-x_2+2x_3=4\\ \dfrac{5}{2}x_2+2x_3=7\\ -x_2-5x_3=-7\end{cases} \tag{3.4}$$

第 2 步，将方程组(3.4)第 2 行的$\dfrac{2}{5}$倍加到第 3 行，消去第 3 行中的 x_2，得到与原方程组等价的上三角方程组

$$\begin{cases}2x_1-x_2+2x_3=4\\ \dfrac{5}{2}x_2+2x_3=7\\ -\dfrac{21}{5}x_3=-\dfrac{21}{5}\end{cases} \tag{3.5}$$

回代(back substitution)：解上三角方程组(3.5)第 3 行得 $x_3=1$，将 x_3代入第 2 行得 $x_2=2$，将 x_2，x_3代入第 1 行得 $x_1=2$，得到解

$$x^*=(2,2,1)^{\mathrm{T}}$$

容易看出消元过程第 1 步和第 2 步相当于增广矩阵$[\boldsymbol{A}\vdots\boldsymbol{b}]$作行变换，用 r_i表示增广矩阵$[\boldsymbol{A}\vdots\boldsymbol{b}]$的第 i 行：

$$[\boldsymbol{A}\vdots\boldsymbol{b}]=\begin{bmatrix}2&-1&2&4\\1&2&3&9\\2&-2&-3&-3\end{bmatrix}\xrightarrow[r_3-r_1]{r_2-\frac{1}{2}r_1}\begin{bmatrix}2&-1&2&4\\ &\dfrac{5}{2}&2&7\\ &-1&-5&-7\end{bmatrix}$$

$$\xrightarrow{r_3+\frac{2}{5}r_2}\begin{bmatrix}2&-1&2&4\\ &\dfrac{5}{2}&2&7\\ & &-\dfrac{21}{5}&-\dfrac{21}{5}\end{bmatrix}$$

由此看出，Gauss 消去法解方程组的基本思想是，首先通过消元把方程组 $\boldsymbol{Ax}=\boldsymbol{b}$ 化为与其等价的上三角方程组，这一过程称为消元；其次对上三角方程组按照未知量从后向前的顺序依次求出原方程组的解，这一过程称为回代. Gauss 消去法简单直观，容易在计算机上实现，是实际应用中使用较多的一种有效方法.

下面考虑求解一般的 n 阶线性方程组(3.1)的 Gauss 消去法.

第 1 步，设 $a_{11}\neq 0$，将线性方程组(3.1)第 1 行的 $m_{i1}=-\dfrac{a_{i1}}{a_{11}}$倍加到第 i 行($i=2,\cdots,n$)，消去第 2 行到第 n 行中的未知数 x_1，得

$$\boldsymbol{A}^{(1)}\boldsymbol{x}=\boldsymbol{b}^{(1)}$$

式中，

$$\boldsymbol{A}^{(1)}=\begin{bmatrix} a_{11} & a_{12} & a_{13} & \cdots & a_{1n} \\ 0 & a_{22}^{(1)} & a_{23}^{(1)} & \cdots & a_{2n}^{(1)} \\ 0 & a_{32}^{(1)} & a_{33}^{(1)} & \cdots & a_{3n}^{(1)} \\ \vdots & \vdots & \vdots & \ddots & \vdots \\ 0 & a_{n2}^{(1)} & a_{n3}^{(1)} & \cdots & a_{nn}^{(1)} \end{bmatrix},\boldsymbol{b}=\begin{bmatrix} b_1 \\ b_2^{(1)} \\ b_3^{(1)} \\ \vdots \\ b_n^{(1)} \end{bmatrix} \tag{3.6}$$

$\boldsymbol{A}^{(1)}$与$\boldsymbol{b}^{(1)}$各元素的计算公式为

$$\begin{cases} a_{ij}^{(1)}=a_{ij}-m_{i1}a_{1j} \\ b_i^{(1)}=b_i-m_{i1}b_1 \end{cases},i,j=2,3,\cdots,n$$

第 2 步，若$a_{22}^{(1)}\neq 0$，将线性方程组(3.6)第 2 行的$m_{i2}=-\dfrac{a_{i2}^{(1)}}{a_{22}^{(1)}}$倍加到第$i$行($i=3,\cdots,n$)，消去第 3 行到第$n$行中的未知数$x_2$，得

$$\boldsymbol{A}^{(2)}\boldsymbol{x}=\boldsymbol{b}^{(2)}$$

式中，

$$\boldsymbol{A}^{(2)}=\begin{bmatrix} a_{11} & a_{12} & a_{13} & \cdots & a_{1n} \\ 0 & a_{22}^{(1)} & a_{23}^{(1)} & \cdots & a_{2n}^{(1)} \\ 0 & 0 & a_{33}^{(2)} & \cdots & a_{3n}^{(2)} \\ & \vdots & \vdots & \ddots & \vdots \\ 0 & 0 & a_{n3}^{(2)} & \cdots & a_{nn}^{(2)} \end{bmatrix},\boldsymbol{b}^{(2)}=\begin{bmatrix} b_1 \\ b_2^{(1)} \\ b_3^{(2)} \\ \vdots \\ b_n^{(2)} \end{bmatrix}$$

$\boldsymbol{A}^{(2)}$与$\boldsymbol{b}^{(2)}$各元素的计算公式为

$$\begin{cases} a_{ij}^{(2)}=a_{ij}^{(1)}-m_{i2}a_{2j}^{(1)} \\ b_i^{(2)}=b_i^{(1)}-m_{i2}b_2^{(1)} \end{cases},i,j=3,\cdots,n$$

第k步，设经过第$k-1$步后得到与方程组(3.1)等价的方程组为

$$\boldsymbol{A}^{(k-1)}\boldsymbol{x}=\boldsymbol{b}^{(k-1)}$$

式中，

$$\boldsymbol{A}^{(k-1)}=\begin{bmatrix} a_{11} & a_{12} & \cdots & a_{1k} & \cdots & a_{1n} \\ & a_{22}^{(1)} & \cdots & a_{2k}^{(1)} & \cdots & a_{2n}^{(1)} \\ & & \ddots & \vdots & \ddots & \vdots \\ & & & a_{kk}^{(k-1)} & \cdots & a_{kn}^{(k-1)} \\ & & & \vdots & \ddots & \vdots \\ & & & a_{nk}^{(k-1)} & \cdots & a_{nn}^{(k-1)} \end{bmatrix},\boldsymbol{b}^{(k-1)}=\begin{bmatrix} b_1 \\ b_2^{(1)} \\ \vdots \\ b_k^{(k-1)} \\ \vdots \\ b_n^{(k-1)} \end{bmatrix} \tag{3.7}$$

若$a_{kk}^{(k-1)}\neq 0$，将线性方程组(3.7)第k行的$m_{ik}=-\dfrac{a_{ik}^{(k-1)}}{a_{kk}^{(k-1)}}$倍加到第$i$行($i=k+1,\cdots,n$)，得

$$\boldsymbol{A}^{(k)}\boldsymbol{x}=\boldsymbol{b}^{(k)}$$

式中，

$$\boldsymbol{A}^{(k)}=\begin{bmatrix} \boldsymbol{a}_{11} & \cdots & \boldsymbol{a}_{1k} & \boldsymbol{a}_{1,k+1} & \cdots & \boldsymbol{a}_{1n} \\ & \ddots & \vdots & \vdots & \ddots & \vdots \\ & & \boldsymbol{a}_{kk}^{(k-1)} & \boldsymbol{a}_{k,k+1}^{(k-1)} & \ddots & \boldsymbol{a}_{kn}^{(k-1)} \\ & & & \boldsymbol{a}_{k+1,k+1}^{(k)} & \cdots & \boldsymbol{a}_{k+1,n}^{(k)} \\ & & & \vdots & \ddots & \vdots \\ & & & \boldsymbol{a}_{n,k+1}^{(k)} & \cdots & \boldsymbol{a}_{nn}^{(k)} \end{bmatrix},\boldsymbol{b}^{(k)}=\begin{bmatrix} b_1 \\ \vdots \\ b_k^{(k-1)} \\ b_{k+1}^{(k)} \\ \vdots \\ b_n^{(k)} \end{bmatrix} \tag{3.8}$$

$\boldsymbol{A}^{(k)}$ 与 $\boldsymbol{b}^{(k)}$ 的计算公式为

$$\begin{cases} a_{ij}^{(k)}=a_{ij}^{(k-1)}-m_{ik}a_{kj}^{(k-1)} \\ b_i^{(k)}=b_i^{(k-1)}-m_{ik}b_k^{(k-1)} \end{cases},i,j=k+1,\cdots,n$$

按照上述方法，经过 $n-1$ 步后得到与原线性方程组等价的上三角方程组

$$\boldsymbol{A}^{(n-1)}\boldsymbol{x}=\boldsymbol{b}^{(n-1)}$$

式中，

$$\boldsymbol{A}^{(n-1)}=\begin{bmatrix} a_{11} & a_{12} & \cdots & a_{1n} \\ & a_{22}^{(1)} & \cdots & a_{2n}^{(1)} \\ & & \ddots & \vdots \\ & & & a_{nn}^{(n-1)} \end{bmatrix},\boldsymbol{b}=\begin{bmatrix} b_1 \\ b_2^{(1)} \\ \vdots \\ b_n^{(n-1)} \end{bmatrix} \tag{3.9}$$

若 $a_{nn}^{(n-1)}\neq0$，就可求得原线性方程组(3.1)解的回代公式：

$$\begin{cases} x_n=b_n^{(n-1)}/a_{nn}^{(n-1)} \\ x_i=(b_i^{(i-1)}-\sum_{j=i+1}^{n}a_{ij}^{(i-1)}x_j)/a_{ii}^{(i-1)},i=n-1,n-2,\cdots,2,1 \end{cases}$$

式中，$b_1^{(0)}=b_1$；$a_{1i}^{(0)}=a_{1i}(i=1,2,\cdots,n)$.

从以上 Gauss 消去法的过程可以看出，$a_{kk}^{(k-1)}(k=1,2,\cdots,n)$在消去过程中至关重要，$a_{kk}^{(k-1)}\neq0(k=1,2,\cdots,n)$才能保证 Gauss 消去法顺利实施. 若某个 $a_{kk}^{(k-1)}=0$，则无法实现 Gauss 消去法. 例，$\boldsymbol{A}=\begin{bmatrix} 0 & 1 \\ 1 & 1 \end{bmatrix}$，由线性代数的知识可知，$|\boldsymbol{A}|\neq0$，$\boldsymbol{A}$ 非奇异，方程组有唯一解，但 $a_{11}=0$，不能实现 Gauss 消去法. 以下定理给出了 $a_{kk}^{(k-1)}\neq0(k=1,2,\cdots,n)$的充要条件.

定理 3-1 元素 $a_{kk}^{(k-1)}\neq0(k=1,2,\cdots,n)$的充分必要条件是矩阵 $\boldsymbol{A}$ 的顺序主子式 $D_i\neq0(i=1,2,\cdots,n)$，即

$$D_1=a_{11}\neq0$$

$$D_i=\begin{vmatrix} a_{11} & a_{12} & \cdots & a_{1i} \\ a_{21} & a_{22} & \cdots & a_{2i} \\ \vdots & \vdots & \ddots & \vdots \\ a_{i1} & a_{i2} & \cdots & a_{ii} \end{vmatrix}\neq0,i=2,3,\cdots,n$$

证明：利用数学归纳法很容易证明，此处从略.

推论 如果矩阵 $\boldsymbol{A}$ 的所有顺序主子式均不为零，即 $D_i\neq0(i=1,2,\cdots,n)$，则

$$\begin{cases} a_{11}^{(0)}=D_1 \\ a_{ii}^{(i-1)}=D_i/D_{i-1},i=2,3,\cdots,n \end{cases}$$

3.1.2 Gauss 消去法的 MATLAB 程序

以下给出 Gauss 消去法的 MATLAB 程序：

gauss.m 文件

```
function[x]=gauss(A,b)
B=[A,b]; % 增广矩阵
n=size(A,1); % 获取系数矩阵 A 的行数
RA=rank(A); % 计算 A 的秩
RB=rank(B); % 计算增广矩阵的秩
zhi=RB-RA;
if zhi>0;
    disp('请注意:RA 不等于 RB,所以此方程组无解.')
    return
end
if RB==RA;
    if RA==n
        disp('请注意:因为 RA=RB,所以此方程组有唯一解');
    end
    x=zeros(n,1);C=zeros(1,n+1);
    for k=1:n-1
        for i=(k+1):n
            m=B(i,k)/B(k,k); % 计算每一行第 k 列的因子
            B(i,k:n+1)=B(i,k:n+1)-m*B(k,k:n+1); % 将第 k 列的主元素乘以因子并加到其他行对应
位置
        end
    end
    b=B(1:n,n+1);A=B(1:n,1:n);
    x(n)=b(n)/A(n,n); % 计算最后一个未知数的值
end
for j=n-1:-1:1
    x(j)=(b(j)-sum(A(j,(j+1:n))*x(j+1:n)))/A(j,j); % 利用后面已经求得的解来计算前一个未知数
的值
end
end
```

例 3-2　用 Gauss 消去法求解如下线性方程组

$$\begin{cases} x_1+x_2+x_3=6 \\ 4x_2-x_3=5 \\ 2x_1-2x_2+x_3=1 \end{cases}$$

解: 在 MATLAB 命令窗口输入

```
>>A=[1 1 1;0 4-1;2-2 1];
>>b=[6;5;1];
>>x=gauss(A,b)
```

输出结果为

```
请注意:因为 RA=RB,所以此方程组有唯一解
x=
    1
    2
    3
```

3.1.3 Gauss 消去法的计算量

由于计算机中乘除运算的时间远远超过加减运算的时间,故估计某种算法的运算量时,往往只估计乘除的次数,而且通常以乘除次数的最高次幂为运算量的数量级.下面考虑 Gauss 消去法的计算量.

消元过程的计算量.分析第 k 步消元过程,计算乘数 $m_{ik}(i=k+1,\cdots,n)$需要 $n-k$ 次除法运算,计算 $a_{ij}^{(k)}(i,j=k+1,\cdots,n)$需要$(n-k)^2$次乘法运算,计算 $b_i^{(k)}(i=k+1,\cdots,n)$需要 $n-k$ 次乘法运算,即第 k 步消元过程的计算量为$(n-k)(n-k+2)$,由此消元过程第 1 步到第 $n-1$ 步的计算量为

$$\sum_{k=1}^{n-1}(n-k)(n-k+2)=\frac{n^3}{3}+\frac{n^2}{2}-\frac{5n}{6}$$

回代过程的计算量:计算 $x_n=b_n^{(n-1)}/a_{nn}^{(n-1)}$ 需要 1 次除法运算,计算 $x_i=\left(b_i^{(i-1)}-\sum\limits_{j=i+1}^{n}a_{ij}^{(i-1)}x_j\right)/a_{ii}^{(i-1)}(i=n-1,n-2,\cdots,1)$ 需要$(n-i)$次乘法运算,1 次除法运算,由此回代过程的计算量为

$$1+\sum_{i=1}^{n-1}(n-i+1)=\frac{n^2}{2}+\frac{n}{2}$$

综上,Gauss 消去法的计算量约为$\frac{n^3}{3}$(当 n 比较大时).当 $n=10$,利用克拉默法则,约需做$(10^2-1)10!+10\approx4\times10^9$次,而 Gauss 消去法只需 333 次.

3.1.4 选主元的 Gauss 消去法

消元时,若出现 $a_{kk}^{(k-1)}=0$ 的情况,Gauss 消去法将无法继续;即使 $a_{kk}^{(k-1)}\neq0$,但当$|a_{kk}^{(k-1)}|\ll1$ 时,用它作除数,也会导致其他元素数量级严重增加,使得数值结果产生较大误差甚至失真.

例 3-3 在 4 位浮点十进制数下求解线性方程组

$$\begin{cases}0.00001x_1+x_2=1.00001\\ x_1+x_2=2\end{cases}$$

解:易验证方程组的准确解为$(1,1)^T$. 方程组输入计算机后成为

$$\begin{bmatrix} 0.1000\times10^{-4} & 0.1000\times10 \\ 0.1000\times10 & 0.1000\times10 \end{bmatrix}\begin{bmatrix} x_1 \\ x_2 \end{bmatrix}=\begin{bmatrix} 0.1000\times10 \\ 0.2000\times10 \end{bmatrix}$$

消元:将第 1 行的 $m_{21}=-0.1\times10^6$倍加到第 2 行,消去第 2 行中的未知数 x_1,得

$$\begin{bmatrix} 0.1000\times10^{-4} & 0.1000\times10 \\ 0 & -0.1000\times10^6 \end{bmatrix}\begin{bmatrix} x_1 \\ x_2 \end{bmatrix}=\begin{bmatrix} 0.1000\times10 \\ -0.1000\times10^6 \end{bmatrix}$$

回代:

$$x_2=0.1000\times10=1$$

$$x_1=\frac{0.1000\times10-0.1000\times10\times x_2}{0.1000\times10^{-4}}=0$$

此结果严重失真,究其原因,是用很小的数作除数增大了舍入误差的量级所致.

若将第 1 个方程与第 2 个方程互换,

$$\begin{bmatrix} 0.1000\times10 & 0.1000\times10 \\ 0.1000\times10^{-4} & 0.1000\times10 \end{bmatrix}\begin{bmatrix} x_1 \\ x_2 \end{bmatrix}=\begin{bmatrix} 0.2000\times10 \\ 0.1000\times10 \end{bmatrix}$$

消元:将第 1 行的 $m_{21}=-0.1\times10^{-4}$倍加到第 2 行,消去第 2 行中的未知数 x_1,得

$$\begin{bmatrix} 0.1000\times10 & 0.1000\times10 \\ 0 & 0.1000\times10 \end{bmatrix}\begin{bmatrix} x_1 \\ x_2 \end{bmatrix}=\begin{bmatrix} 0.2000\times10 \\ 0.1000\times10 \end{bmatrix}$$

回代:

$$x_2=0.1000\times10=1$$

$$x_1=\frac{0.2000\times10-0.1000\times10\times x_2}{0.1000\times10}=1$$

解得原方程组的准确解.

从上例可以看出,对方程组作简单的行交换有时会显著改善解的精度. 因此,在实际使用 Gauss 消元法时,常结合使用"选主元"技术以避免零主元或小主元出现,从而保证消元法能进行或保证解的数值稳定性.

3.1.4.1　Gauss 列主元消去法

采用列选主元求解线性方程组的基本思想是:在进行第 $k(k=1,2,\cdots,n-1)$步消元时,从第 k 列的 a_{kk} 及其以下的各元素中选取绝对值最大的元素,然后通过行变换将它交换到主元素 a_{kk} 的位置上,再进行消元.

例 3-4　用 Gauss 列主元消去法求解方程组

$$\begin{cases} 3x_1+5x_2+4x_3=-1 \\ 5x_1+7x_2+3x_3=2 \\ 4x_1+4x_2+2x_3=2 \end{cases}$$

解:

$$[\boldsymbol{A}:\boldsymbol{b}]=\begin{bmatrix} 3 & 5 & 4 & -1 \\ 5 & 7 & 3 & 2 \\ 4 & 4 & 2 & 2 \end{bmatrix}\xrightarrow[r_1\leftrightarrow r_2]{\text{选主元}}\begin{bmatrix} 5 & 7 & 3 & 2 \\ 3 & 5 & 4 & -1 \\ 4 & 4 & 2 & 2 \end{bmatrix}\xrightarrow[r_3-m_{31}r_1]{r_2-m_{21}r_1}\begin{bmatrix} 5 & 7 & 3 & 2 \\ 0 & 0.8 & 2.2 & -2.2 \\ 0 & -1.6 & -0.4 & 0.4 \end{bmatrix}$$

$$\xrightarrow[r_2 \leftrightarrow r_3]{\text{选主元}} \begin{bmatrix} 5 & 7 & 3 & 2 \\ 0 & -1.6 & -0.4 & 0.4 \\ 0 & 0.8 & 2.2 & -2.2 \end{bmatrix} \xrightarrow{r_3 - m_{32} r_2} \begin{bmatrix} 5 & 7 & 3 & 2 \\ 0 & -1.6 & -0.4 & 0.4 \\ 0 & 0 & 2 & -2 \end{bmatrix}$$

回代得 $x_3=-1, x_2=0, x_1=1$.

上述方法通过换行选取绝对值最大的数作为主元素，大大提高了解的精度，这种方法称为 Gauss 列主元消去法(gaussian elimination with maximal column pivoting)，在实际应用中使用较多.

以下给出 Gauss 列主元消去法的 MATLAB 程序：

gauss_mcp.m 文件

```
function[x]=gauss_mcp(A,b)
n=size(A,1); % 获取系数矩阵 A 的行数
B=[A,b];
for k=1:n-1
    [pivot,j]=max(abs(B(k:end,k))); % 选择主元
    c=B(k,:);B(k,:)=B(j+k-1,:);B(j+k-1,:)=c; % 将主元素所在行与当前行交换
    if pivot==0
        error('The matrix is singular.'); % 如果存在全零主元素,则表明该线性方程组无解或有多解
    end
    for i=(k+1):n
        m=-B(i,k)/B(k,k); % 计算每一行第 k 列的因子
        B(i,k:n+1)=B(i,k:n+1)+m*B(k,k:n+1); % 将第 k 列的主元素乘以因子并加到其他行对应位置
    end
end
b=B(1:n,n+1);A=B(1:n,1:n);
x=zeros(n,1); % 初始化结果向量 x
x(n)=b(n)/A(n,n); % 计算最后一个未知数的值
for j=n-1:-1:1
    x(j)=(b(j)-sum(A(j,(j+1:n)) * x(j+1:n)))/A(j,j); % 利用后面已经求得的解来计算前一个未知数
的值
end
end
```

3.1.4.2 Gauss 全主元消去法

除了 Gauss 列主元消去法外，还可采用一种通常称为 Gauss 全主元消去法(complete gaussian pivoting elimination)的方法来避免主元素绝对值过小，其基本思想是：在进行第 $k(k=1,2,\cdots,n-1)$ 步消元时，不再像 Gauss 列主元消去法那样仅限于从第 k 列的 a_{kk} 及其以下的各元素中选取绝对值最大者，而是在 a_{kk} 整个右下角的$(n-k+1)$阶子阵

$$\begin{bmatrix} a_{kk}^{(k-1)} & \cdots & a_{kn}^{(k-1)} \\ \vdots & \ddots & \vdots \\ a_{nk}^{(k-1)} & \cdots & a_{nn}^{(k-1)} \end{bmatrix}$$

中选取绝对值最大的元素，然后通过行变换与列变换将它交换到主元素 $a_{kk}^{(k-1)}$ 的位置上，再进行消元.

值得注意的是，由于在全主元的消去法中进行了列交换，x 各分量的顺序已被打乱，因此在每次列交换的同时，必须让计算机记录所进行的一切列交换，在回代解出后将 x 各分量换回原来相应的位置，这样增加了程序设计的复杂性. 此外，选全主元将耗用更多的计算时间，但全主元消去法比列主元消去法数值稳定性更好一些. 实际应用中，这两种选主元技术都在使用.

3.2　LU 分解法

LU 分解法

下面用矩阵语言描述 Gauss 消去法的消元过程.

第 1 步，将第 1 行的 $m_{i1}=-\dfrac{a_{i1}}{a_{11}}$ 倍加到第 i 行 $(i=2,\cdots,n)$，相当于用一个初等矩阵 $\boldsymbol{L}_1$ 左乘 $\boldsymbol{A}$，即 $\boldsymbol{L}_1\boldsymbol{A}=\boldsymbol{A}^{(1)}$，不难看出，初等矩阵为

$$\boldsymbol{L}_1=\begin{bmatrix}1 & & & & \\ m_{21} & 1 & & & \\ m_{31} & & 1 & & \\ \vdots & & & \ddots & \\ m_{n1} & & & & 1\end{bmatrix}\tag{3.10}$$

第 2 步，将第 2 行的 $m_{i2}=-\dfrac{a_{i2}^{(1)}}{a_{22}^{(1)}}$ 倍加到第 i 行 $(i=3,\cdots,n)$，相当于用一个初等矩阵左乘 $\boldsymbol{A}^{(1)}$，即 $\boldsymbol{L}_2\boldsymbol{A}^{(1)}=\boldsymbol{A}^{(2)}$，此时初等矩阵为

$$\boldsymbol{L}_2=\begin{bmatrix}1 & & & & \\ & 1 & & & \\ & m_{32} & 1 & & \\ & \vdots & & \ddots & \\ & m_{n2} & & & 1\end{bmatrix}\tag{3.11}$$

第 k 步，将第 k 行的 $m_{ik}=-\dfrac{a_{ik}^{(k-1)}}{a_{kk}^{(k-1)}}$ 倍加到第 i 行 $(i=k+1,\cdots,n)$，相当于用一个初等矩阵左乘 $\boldsymbol{A}^{(k-1)}$，即 $\boldsymbol{L}_k\boldsymbol{A}^{(k-1)}=\boldsymbol{A}^{(k)}$，初等矩阵为

$$\boldsymbol{L}_k=\begin{bmatrix}1 & & & & & \\ & \ddots & & & & \\ & & 1 & & & \\ & & m_{k+1,k} & 1 & & \\ & & \vdots & & \ddots & \\ & & m_{nk} & & & 1\end{bmatrix}\tag{3.12}$$

进行 $n-1$ 步后，得到 $\boldsymbol{A}^{(n-1)}$，显然其下三角部分全化为零元素，记 $\boldsymbol{U}=\boldsymbol{A}^{(n-1)}$，则 $\boldsymbol{U}$ 为上三角阵.

整个消元过程可表达如下：

$$\boldsymbol{L}_{n-1}\boldsymbol{L}_{n-2}\cdots\boldsymbol{L}_1\boldsymbol{A}=\boldsymbol{U},\boldsymbol{L}_{n-1}\boldsymbol{L}_{n-2}\cdots\boldsymbol{L}_1\boldsymbol{b}=\boldsymbol{b}^{(n-1)}$$

可得

$$\boldsymbol{A}=\boldsymbol{L}_1^{-1}\boldsymbol{L}_2^{-1}\cdots\boldsymbol{L}_{n-1}^{-1}\boldsymbol{U}$$

记

$$\boldsymbol{L}=\boldsymbol{L}_1^{-1}\boldsymbol{L}_2^{-1}\cdots\boldsymbol{L}_{n-1}^{-1}$$

则

$$\boldsymbol{A}=\boldsymbol{L}\boldsymbol{U}$$

下面讨论 $\boldsymbol{L}$ 的性态. 由式(3.10)、式(3.11)易得

$$\boldsymbol{L}_1^{-1}=\begin{bmatrix}1 & & & & \\ -m_{21} & 1 & & & \\ -m_{31} & & 1 & & \\ \vdots & & & \ddots & \\ -m_{n1} & & & & 1\end{bmatrix},\boldsymbol{L}_2^{-1}=\begin{bmatrix}1 & & & & \\ & 1 & & & \\ & -m_{32} & 1 & & \\ & \vdots & & \ddots & \\ & -m_{n2} & & & 1\end{bmatrix}$$

再由式(3.12)易得

$$\boldsymbol{L}_k^{-1}=\begin{bmatrix}1 & & & & \\ & \ddots & & & \\ & & 1 & & \\ & & -m_{k+1,k} & 1 & \\ & & \vdots & & \ddots \\ & & -m_{nk} & & & 1\end{bmatrix}$$

则

$$\boldsymbol{L}=\boldsymbol{L}_1^{-1}\boldsymbol{L}_2^{-1}\cdots\boldsymbol{L}_{n-1}^{-1}=\begin{bmatrix}1 & & & & & \\ -m_{21} & 1 & & & & \\ -m_{31} & -m_{32} & 1 & & & \\ \vdots & \vdots & \vdots & \ddots & & \\ \vdots & \vdots & \vdots & & 1 & \\ -m_{n1} & -m_{n2} & -m_{nk} & \cdots & -m_{n,n-1} & 1\end{bmatrix}$$

所以 $\boldsymbol{L}$ 为下三角阵，其主对角元素全为 1，左下角元素是由 $\boldsymbol{L}_k^{-1}$ $(k=1,2,\cdots,n-1)$ 的所有左下角元素拼凑而成，证明留作习题.

综上，用矩阵语言描述时，Gauss 消去法是对系数矩阵分解为一个上三角阵和一个下三角阵的乘积.

定义 3-1 将矩阵 $\boldsymbol{A}$ 分解成一个下三角阵 $\boldsymbol{L}$ 和一个上三角阵 $\boldsymbol{U}$ 的乘积，即

$$\boldsymbol{A}=\boldsymbol{L}\boldsymbol{U}$$

称为 $\boldsymbol{A}$ 的三角分解或 LU 分解.

$\boldsymbol{A}$ 的 LU 分解只要求 $\boldsymbol{L}$ 是一个下三角阵、$\boldsymbol{U}$ 是一个上三角阵，当 $\boldsymbol{A}$ 有 LU 分解时，这种分解不是唯一的. 例如

$$\boldsymbol{A}=\begin{bmatrix}2&3\\4&1\end{bmatrix}=\begin{bmatrix}1&0\\2&1\end{bmatrix}\begin{bmatrix}2&3\\0&-5\end{bmatrix}=\begin{bmatrix}-1&0\\-2&3\end{bmatrix}\begin{bmatrix}-2&-3\\0&-5/3\end{bmatrix}$$

这里有 $\boldsymbol{A}$ 的两种不同的三角分解. 一般来说,若 $\boldsymbol{A}=\boldsymbol{LU}$ 是一个三角分解,任取与 $\boldsymbol{A}$ 同阶的非奇异对角矩阵 $\boldsymbol{D}$,则

$$\boldsymbol{A}=(\boldsymbol{LD})(\boldsymbol{D}^{-1}\boldsymbol{U})=\boldsymbol{L}_1\boldsymbol{U}_1$$

也是 $\boldsymbol{A}$ 的三角分解. 当 $\boldsymbol{L}$ 是一个单位下三角阵或 $\boldsymbol{U}$ 是一个单位上三角阵时,$\boldsymbol{A}$ 的这两种 LU 分解是唯一的. 若 L 为单位下三角阵,则称为 Doolittle 分解;若 $\boldsymbol{U}$ 为单位上三角阵,则称为 Crout 分解.

3.2.1　Doolittle 分解法

定理 3-2　设 n 阶矩阵 $\boldsymbol{A}$ 的各阶顺序主子式 $D_i\neq0(i=1,2,\cdots,n)$,则矩阵 $\boldsymbol{A}$ 存在唯一的三角分解

$$\boldsymbol{A}=\boldsymbol{LU}$$

式中,$\boldsymbol{L}$ 为单位下三角阵;$\boldsymbol{U}$ 为下三角阵.

假设

$$\boldsymbol{A}=\boldsymbol{LU}$$

式中,

$$\boldsymbol{L}=\begin{bmatrix}1&&&\\l_{21}&1&&\\\vdots&\vdots&\ddots&\\l_{n1}&l_{n2}&\cdots&1\end{bmatrix},\boldsymbol{U}=\begin{bmatrix}u_{11}&u_{12}&\cdots&u_{1n}\\&u_{22}&\cdots&u_{2n}\\&&\ddots&\vdots\\&&&u_{nn}\end{bmatrix}$$

可按照以下步骤确定 $\boldsymbol{L}$ 中的元素 l_{ij} 和 $\boldsymbol{U}$ 中的元素 u_{ij}:

第 1 步:用 $\boldsymbol{L}$ 的第一行去乘 $\boldsymbol{U}$ 的各列,然后用 $\boldsymbol{L}$ 的后面各行去乘 $\boldsymbol{U}$ 的第一列,得

$$a_{1j}=u_{1j},j=1,2,\cdots,n$$
$$a_{i1}=l_{i1}u_{11},i=2,3,\cdots,n$$

从而计算出上三角阵 $\boldsymbol{U}$ 的第一行及单位下三角阵 $\boldsymbol{L}$ 的第一列:

$$u_{1j}=a_{1j},j=1,2,\cdots,n$$
$$l_{i1}=\frac{a_{i1}}{u_{11}},i=2,3,\cdots,n$$

第 2 步:用 $\boldsymbol{L}$ 的第二行去乘 $\boldsymbol{U}$ 的除去第一列后的各列,然后用 $\boldsymbol{L}$ 的除去前两行后的各行去乘 $\boldsymbol{U}$ 的第二列,得

$$a_{2j}=l_{21}u_{1j}+u_{2j},j=2,3,\cdots,n$$
$$a_{i2}=l_{i1}u_{12}+l_{i2}u_{22},i=3,4,\cdots,n$$

从而计算出上三角阵 $\boldsymbol{U}$ 的第二行及单位下三角阵 $\boldsymbol{L}$ 的第二列:

$$u_{2j}=a_{2j}-l_{21}u_{1j},j=2,3,\cdots,n$$
$$l_{i2}=(a_{i2}-l_{i1}u_{12})/u_{22},i=3,4,\cdots,n$$

第 k 步:设经过 $k-1$ 步后已经求出 $\boldsymbol{U}$ 的前 $k-1$ 行和 $\boldsymbol{L}$ 的前 $k-1$ 列的元素,那么第 k 步就有

$$a_{kj}=\sum_{r=1}^{k-1}l_{kr}u_{rj},j=k,k+1,\cdots,n$$

$$a_{ik}=\sum_{s=1}^{k-1}l_{is}u_{sk},i=k,k+1,\cdots,n$$

从而计算出上三角阵 $\boldsymbol{U}$ 的第 k 行及单位下三角阵 $\boldsymbol{L}$ 的第 k 列：

$$u_{kj}=a_{kj}-\sum_{r=1}^{k-1}l_{kr}u_{rj},j=k,k+1,\cdots,n$$

$$l_{ik}=(a_{ik}-\sum_{s=1}^{k-1}l_{is}u_{sk})/u_{kk},i=k+1,k+2,\cdots,n$$

这样就可把 $\boldsymbol{L}$ 和 $\boldsymbol{U}$ 中的待定元素全部确定出来，最终实现了对矩阵 $\boldsymbol{A}$ 的 Doolittle 分解. Doolittle 分解实际上是 Gauss 消元法的另一种形式，它的计算量与 Gauss 消元法一样.

对矩阵 $\boldsymbol{A}$ 进行 Doolittle 分解后，线性方程组 $\boldsymbol{Ax}=\boldsymbol{b}$ 就化为 $\boldsymbol{LUx}=\boldsymbol{b}$，要求 $\boldsymbol{Ax}=\boldsymbol{b}$ 的解，只需求解两个简单的三角形方程组：

①解 $\boldsymbol{Ly}=\boldsymbol{b}$，顺代求出 $\boldsymbol{y}$；

②解 $\boldsymbol{Ux}=\boldsymbol{y}$，回代求出 $\boldsymbol{x}$.

例 3-5 用 Doolittle 分解法解线性方程组

$$\begin{cases}x_1+2x_2+6x_3=1\\2x_1+5x_2+15x_3=3\\6x_1+15x_2+46x_3=10\end{cases}$$

解：由 Doolittle 分解得

$$u_{11}=a_{11}=1,u_{12}=a_{12}=2,u_{13}=a_{13}=6$$

$$l_{21}=a_{21}/u_{11}=2/1=1,l_{31}=a_{31}/u_{11}=6/1=6$$

$$u_{22}=a_{22}-l_{21}u_{12}=5-2\times2=1,u_{23}=a_{23}-l_{21}u_{13}=15-2\times6=3$$

$$l_{32}=(a_{32}-l_{31}u_{12})/u_{22}=(15-6\times2)/3=1$$

$$u_{33}=a_{33}-l_{31}u_{13}-l_{32}u_{23}=46-6\times6-3\times3=1$$

可得 $\boldsymbol{A}$ 的 Doolittle 分解：

$$\boldsymbol{A}=\begin{bmatrix}1&2&6\\2&5&15\\6&15&46\end{bmatrix}=\begin{bmatrix}1&&\\2&1&\\6&3&1\end{bmatrix}\begin{bmatrix}1&2&6\\&1&3\\&&1\end{bmatrix}$$

求解 $\boldsymbol{Ly}=\boldsymbol{b}$，即

$$\begin{bmatrix}1&&\\2&1&\\6&3&1\end{bmatrix}\begin{bmatrix}y_1\\y_2\\y_3\end{bmatrix}=\begin{bmatrix}1\\3\\10\end{bmatrix}$$

得 $\boldsymbol{y}=(1,1,1)^{\mathrm{T}}$.

再解 $\boldsymbol{Ux}=\boldsymbol{y}$，即

$$\begin{bmatrix}1&2&6\\&1&3\\&&1\end{bmatrix}\begin{bmatrix}x_1\\x_2\\x_3\end{bmatrix}=\begin{bmatrix}1\\1\\1\end{bmatrix}$$

得 $\boldsymbol{x}=(-1,-2,1)^{\mathrm{T}}$.

以下给出 Doolittle 分解法的 MATLAB 程序：

doolittle.m 文件

```
function[L,U]=doolittle(A)
[n,m]=size(A);
if n~=m
    error('矩阵必须是方阵');
end
L=eye(n); % 初始化 L 为单位矩阵
U=zeros(n); % 初始化 U 为零矩阵
U(1,1:n)=A(1,1:n);
L(1:n,1)=A(1:n,1)/U(1,1);
for k=2:n
    for j=2:n
        if j>=k
            U(k,j)=A(k,j)-sum(L(k,1:k-1) * U(1:k-1,j));
        else
            if U(j,j)==0
                L(j,k)=0;
            else
                L(k,j)=(A(k,j)-sum(L(k,1:j-1) * U(1:j-1,j)))/U(j,j);
            end
        end
    end
end
```

此函数接受一个方阵 $\boldsymbol{A}$ 作为输入，并返回两个矩阵 $\boldsymbol{L}$ 和 $\boldsymbol{U}$，它们满足 $\boldsymbol{A}=\boldsymbol{LU}$. 注意，输入的矩阵 $\boldsymbol{A}$ 是非奇异的(即其行列式不为零)，否则分解可能会失败. 此外，这个程序没有包含任何错误检查或优化，因此在实际应用中可能需要进行一些修改.

在命令窗口输入以下代码来调用这个函数：

```
A=[2,3,4;5,6,7;8,9,10]; % 分解矩阵
[L,U]=doolittle(A);
disp(L);
disp(U);
disp(L * U); % 验证是否等于 A
```

编程计算过程中，当 u_{kj} 计算好后 a_{kj} 就不再参与运算，计算过 l_{ik} 后 a_{ik} 不再使用，为节省存储空间，往往把计算所得的 u_{kj} 和 l_{ik} 存放在 $\boldsymbol{A}$ 的相应位置，例如

$$A=\begin{bmatrix} a_{11} & a_{12} & \cdots & a_{1n} \\ a_{21} & a_{22} & \cdots & a_{2n} \\ \vdots & \vdots & \ddots & \vdots \\ a_{n1} & a_{n2} & \cdots & a_{nn} \end{bmatrix} \leftarrow \begin{bmatrix} u_{11} & u_{12} & \cdots & u_{1n} \\ l_{21} & u_{22} & \cdots & u_{2n} \\ \vdots & \vdots & \ddots & \vdots \\ l_{n1} & l_{n2} & \cdots & u_{nn} \end{bmatrix}$$

MATLAB 中矩阵的 LU 分解函数是 lu,其调用格式为

[L,U]=lu(A) 或[L,U,P]=lu(A)

前一种格式返回一个上三角矩阵 $\boldsymbol{U}$ 和一个单位下三角矩阵(或其行交换后的矩阵)$\boldsymbol{L}$,使得 $\boldsymbol{A}=\boldsymbol{LU}$;后一种格式返回一个上三角矩阵 $\boldsymbol{U}$ 和一个单位下三角矩阵 $\boldsymbol{L}$ 及一个置换矩阵(单位矩阵做行交换后的矩阵)$\boldsymbol{P}$,使得 $\boldsymbol{PA}=\boldsymbol{LU}$.

3.2.2 Crout 分解法

假设

$$\boldsymbol{A}=\tilde{\boldsymbol{L}}\tilde{\boldsymbol{U}}$$

式中,

$$\tilde{\boldsymbol{L}}=\begin{bmatrix} \tilde{l}_{11} & & & \\ \tilde{l}_{21} & \tilde{l}_{22} & & \\ \vdots & \vdots & \ddots & \\ \tilde{l}_{n1} & \tilde{l}_{n2} & \cdots & \tilde{l}_{nn} \end{bmatrix},\tilde{\boldsymbol{U}}=\begin{bmatrix} 1 & \tilde{u}_{21} & \cdots & \tilde{u}_{1n} \\ & 1 & \cdots & \tilde{u}_{2n} \\ & & \ddots & \vdots \\ & & & 1 \end{bmatrix}$$

类似于 Doolittle 分解中确定元素 l_{ij} 和 u_{ij} 的方法,可确定$\tilde{\boldsymbol{L}}$中的元素$\tilde{l}_{ij}$ 和$\tilde{\boldsymbol{U}}$中的元素$\tilde{u}_{ij}$:

①$\tilde{l}_{i1}=a_{i1},i=1,2,\cdots,n$

$$\tilde{u}_{1j}=\frac{a_{1j}}{\tilde{l}_{11}},j=2,3,\cdots,n$$

②对于 $k=2,3,\cdots,n-1$

$$\tilde{l}_{ik}=a_{ik}-\sum_{r=1}^{k-1}\tilde{l}_{ir}\tilde{u}_{rk},i=k,k+1,\cdots,n$$

$$\tilde{u}_{kj}=(a_{kj}-\sum_{s=1}^{k-1}\tilde{l}_{ks}\tilde{u}_{sj})/\tilde{l}_{kk},j=k+1,k+2,\cdots,n$$

在 Doolittle 分解过程中,每一步都是先计算上三角阵 $\boldsymbol{U}$ 的一行,再计算单位下三角阵 $\boldsymbol{L}$ 相应的一列;而在 Crout 分解中,每一步都要先计算下三角阵 $\boldsymbol{L}$ 的一列,然后再计算单位上三角阵 $\boldsymbol{U}$ 相应的一行,这样才能保证计算过程顺利向前推进. 同样,为节省存储空间,编程过程中往往把计算所得的$\tilde{l}_{ik}$ 和$\tilde{u}_{ik}$ 存放在矩阵 $\boldsymbol{A}$ 的相应位置.

3.2.3 Cholesky 分解法

Cholesky 分解法(Cholesky decomposition method)也称为平方根法(square root method),是求解系数矩阵为对称正定矩阵的线性方程组的一种常用方法,是一种特殊形

式的 LU 分解法.

定义 3-2　若矩阵 $\boldsymbol{A}\in\mathbf{R}^{n\times n}$ 满足：

①$\boldsymbol{A}^{\mathrm{T}}=\boldsymbol{A}$，

②$\boldsymbol{A}$ 的各阶顺序主子式都为正，

则称 $\boldsymbol{A}$ 为对称正定矩阵.

若 $\boldsymbol{A}$ 是对称正定矩阵，则根据定理 3-2，存在单位下三角阵 $\boldsymbol{L}$、上三角阵 $\boldsymbol{U}$，使得

$$\boldsymbol{A}=\boldsymbol{L}\boldsymbol{U}$$

将 $\boldsymbol{U}$ 矩阵再分解为 $\boldsymbol{U}=\boldsymbol{D}\widetilde{\boldsymbol{U}}$，其中 $\boldsymbol{D}$ 是由 $\boldsymbol{U}$ 的对角元构成的对角阵，$\widetilde{\boldsymbol{U}}$是 $\boldsymbol{U}$ 的每行除以该行的对角元素而得，即$\widetilde{\boldsymbol{U}}$是单位上三角阵. 这时

$$\boldsymbol{A}=\boldsymbol{L}\boldsymbol{D}\widetilde{\boldsymbol{U}}$$

由于 $\boldsymbol{A}^{\mathrm{T}}=\boldsymbol{A}$，故

$$\boldsymbol{A}=\widetilde{\boldsymbol{U}}^{\mathrm{T}}\boldsymbol{D}\boldsymbol{L}^{\mathrm{T}}$$

从而得

$$\widetilde{\boldsymbol{U}}=\boldsymbol{L}^{\mathrm{T}}$$

即有

$$\boldsymbol{A}=\boldsymbol{L}\boldsymbol{D}\boldsymbol{L}^{\mathrm{T}} \tag{3.13}$$

记 $\boldsymbol{D}=\mathrm{diag}(d_1,d_2,\cdots,d_n)$为对角矩阵，则 $\boldsymbol{A}_i$的行列式

$$|\boldsymbol{A}_i|=\begin{vmatrix} a_{11} & a_{12} & \cdots & a_{1n} \\ a_{21} & a_{22} & \cdots & a_{2n} \\ \vdots & \vdots & \ddots & \vdots \\ a_{i1} & a_{i2} & \cdots & a_{ii} \end{vmatrix}=d_1d_2\cdots d_i>0,i=1,2,\cdots,n$$

从而有 $d_i>0,i=1,2,\cdots,n$.

记 $\boldsymbol{D}^{\frac{1}{2}}=\mathrm{diag}(\sqrt{d_1},\sqrt{d_2},\cdots,\sqrt{d_n})$，$\widehat{\boldsymbol{L}}=\boldsymbol{L}\boldsymbol{D}^{\frac{1}{2}}$，则

$$\boldsymbol{A}=\boldsymbol{L}\boldsymbol{D}^{\frac{1}{2}}\boldsymbol{D}^{\frac{1}{2}}\boldsymbol{L}^{\mathrm{T}}=\boldsymbol{L}\boldsymbol{D}^{\frac{1}{2}}(\boldsymbol{L}\boldsymbol{D}^{\frac{1}{2}})^{\mathrm{T}}=\widehat{\boldsymbol{L}}\widehat{\boldsymbol{L}}^{\mathrm{T}}$$

这就是对称正定矩阵的 Cholesky 分解.

定理 3-3　对称正定矩阵 $\boldsymbol{A}\in\mathbf{R}^{n\times n}$存在唯一的主对角元素均为正数的下三角矩阵 $\boldsymbol{L}$，使得

$$\boldsymbol{A}=\boldsymbol{L}\boldsymbol{L}^{\mathrm{T}}$$

将 $\boldsymbol{A}=\boldsymbol{L}\boldsymbol{L}^{\mathrm{T}}$展开

$$\boldsymbol{A}=\begin{bmatrix} a_{11} & a_{12} & \cdots & a_{1n} \\ a_{21} & a_{22} & \cdots & a_{2n} \\ \vdots & \vdots & \ddots & \vdots \\ a_{n1} & a_{n2} & \cdots & a_{nn} \end{bmatrix}=\begin{bmatrix} l_{11} & & & \\ l_{21} & l_{22} & & \\ \vdots & \vdots & \ddots & \\ l_{n1} & l_{n2} & \cdots & l_{nn} \end{bmatrix}\begin{bmatrix} l_{11} & l_{21} & \cdots & l_{n1} \\ & l_{22} & \cdots & l_{n2} \\ & & \ddots & \vdots \\ & & & l_{nn} \end{bmatrix}$$

式中，$a_{ij}=a_{ji}$. 按照矩阵乘法，对 $i=1,2,\cdots,n$ 直接计算得

$$a_{ij}=a_{ji}=\sum_{k=1}^{n}l_{jk}l_{ik}=\sum_{k=1}^{i}l_{jk}l_{ik}=\sum_{k=1}^{i-1}l_{jk}l_{ik}+l_{ji}l_{ii}$$

由此得平方根法的计算公式：

$$
\begin{aligned}
l_{11} &= \sqrt{a_{11}} \\
l_{i1} &= a_{i1}/l_{11}, i = 2,3,\cdots,n \\
l_{ii} &= \sqrt{a_{ii} - \sum_{k=1}^{i-1} l_{ik}^2}, i = 2,3,\cdots,n \\
l_{ji} &= \frac{a_{ji} - \sum\limits_{k=1}^{i-1} l_{jk} l_{ik}}{l_{ii}}, j = i, i+1,\cdots,n
\end{aligned}
$$

以上公式称为对称正定矩阵的 Cholesky 分解公式，也称为平方根法计算公式，其运算量是 Gauss 消去法的一半，显然这是因为只计算 $\boldsymbol{L}$ 不计算 $\boldsymbol{U}$ 的缘故.

例 3-6 求解方程组

$$
\begin{bmatrix} 3 & 3 & 5 \\ 3 & 5 & 9 \\ 5 & 9 & 17 \end{bmatrix} \begin{bmatrix} x_1 \\ x_2 \\ x_3 \end{bmatrix} = \begin{bmatrix} 0 \\ -2 \\ -4 \end{bmatrix}
$$

解：$\boldsymbol{A}$ 为对称阵，且 $|A_1|=3>0$，$|A_2|=6>0$，$|A_3|=4>0$，即 $\boldsymbol{A}$ 为对称正定矩阵，可进行 Cholesky 分解

$$
i=1, l_{11}=\sqrt{a_{11}}=\sqrt{3}, j=2, l_{21}=\frac{a_{21}}{l_{11}}=\frac{3}{\sqrt{3}}=\sqrt{3}, j=3, l_{31}=\frac{a_{31}}{l_{11}}=\frac{5}{\sqrt{3}}
$$

$$
i=2, l_{22}=\sqrt{a_{22}-l_{21}^2}=\sqrt{5-3}=\sqrt{2}, j=3, l_{32}=\frac{a_{32}-l_{31}l_{21}}{l_{22}}=\frac{9-\frac{5}{\sqrt{3}}\sqrt{3}}{\sqrt{2}}=2\sqrt{2}
$$

$$
i=3, l_{33}=\sqrt{a_{33}-l_{31}^2-l_{32}^2}=\sqrt{17-\frac{25}{3}-8}=\sqrt{\frac{2}{3}}
$$

所以有

$$
\boldsymbol{L}=\begin{bmatrix} \sqrt{3} & & \\ \sqrt{3} & \sqrt{2} & \\ \frac{5}{\sqrt{3}} & 2\sqrt{2} & \sqrt{\frac{2}{3}} \end{bmatrix}
$$

由 $\boldsymbol{L}\boldsymbol{y}=\boldsymbol{b}$，即 $\begin{bmatrix} \sqrt{3} & & \\ \sqrt{3} & \sqrt{2} & \\ \frac{5}{\sqrt{3}} & 2\sqrt{2} & \sqrt{\frac{2}{3}} \end{bmatrix} \begin{bmatrix} y_1 \\ y_2 \\ y_3 \end{bmatrix} = \begin{bmatrix} 0 \\ -2 \\ -4 \end{bmatrix}$，得 $\begin{cases} y_1=0 \\ y_2=-\sqrt{2} \\ y_3=0 \end{cases}$；

由 $\boldsymbol{L}^{\mathrm{T}}\boldsymbol{x}=\boldsymbol{y}$，即 $\begin{bmatrix} \sqrt{3} & \sqrt{3} & \frac{5}{\sqrt{3}} \\ & \sqrt{2} & 2\sqrt{2} \\ & & \sqrt{\frac{2}{3}} \end{bmatrix} \begin{bmatrix} x_1 \\ x_2 \\ x_3 \end{bmatrix} = \begin{bmatrix} 0 \\ -\sqrt{2} \\ 0 \end{bmatrix}$，得 $\begin{cases} x_1=1 \\ x_2=-1. \\ x_3=0 \end{cases}$

上述计算过程中，在计算下三角阵 $\boldsymbol{L}$ 对角线上的元素 l_{kk} 时，用到了开方运算. 为避免开方运算，对矩阵 $\boldsymbol{A}$ 可以采用式(3.13)形式的分解，即有

$$\boldsymbol{A}=\begin{bmatrix}1 & & & \\ l_{21} & 1 & & \\ \vdots & \vdots & \ddots & \\ l_{n1} & l_{n2} & \cdots & 1\end{bmatrix}\begin{bmatrix}d_1 & & & \\ & d_2 & & \\ & & \ddots & \\ & & & d_n\end{bmatrix}\begin{bmatrix}1 & l_{21} & \cdots & l_{n1} \\ & 1 & \cdots & l_{n2} \\ & & \ddots & \vdots \\ & & & 1\end{bmatrix}=\boldsymbol{LDL}^{\mathrm{T}}$$

直接计算可得分解公式：

①$d_1=a_{11}\ l_{i1}=a_{i1}/d_1, i=2,3,\cdots,n$

②对于 $i=2,3,\cdots,n$，

$$d_i=a_{ii}-\sum_{k=1}^{i-1}d_k l_{ik}^2 l_{jk}^2$$

$$l_{ji}=\frac{a_{ji}-\sum\limits_{k=1}^{j-1}d_k l_{jk} l_{ik}}{d_i}, j=i+1,\cdots,n$$

运用这种矩阵分解方法，求解方程组 $\boldsymbol{Ax}=\boldsymbol{b}$ 可归结为求解两个三角方程组：

①解 $\boldsymbol{Ly}=\boldsymbol{b}$，顺代求出 $\boldsymbol{y}$；

②解 $\boldsymbol{L}^{\mathrm{T}}\boldsymbol{x}=\boldsymbol{D}^{-1}\boldsymbol{y}$，回代求出 $\boldsymbol{x}$.

上述算法称为改进的平方根法(improved square root method)，也称为改进的 Cholesky 分解法(improved Cholesky decomposition method).

例 3-7　用改进的平方根法求解方程组 $\begin{bmatrix}3 & 3 & 5\\ 3 & 5 & 9\\ 5 & 9 & 17\end{bmatrix}\begin{bmatrix}x_1\\ x_2\\ x_3\end{bmatrix}=\begin{bmatrix}0\\ -2\\ -4\end{bmatrix}$.

解：例 3-6 已经验证 $\boldsymbol{A}$ 为对称正定矩阵，对其进行 $\boldsymbol{LDL}^{\mathrm{T}}$ 分解可得

$$\boldsymbol{L}=\begin{bmatrix}1 & & \\ 1 & 1 & \\ \frac{5}{3} & 2 & 1\end{bmatrix}, \boldsymbol{D}=\begin{bmatrix}3 & & \\ & 2 & \\ & & \frac{2}{3}\end{bmatrix}$$

由 $\boldsymbol{Ly}=\boldsymbol{b}$，得$\begin{cases}y_1=b_1=0\\ y_2=b_2-l_{21}y_1=-2\\ y_3=b_3-l_{31}y_1-l_{32}y_2=0\end{cases}$；

由 $\boldsymbol{DL}^{\mathrm{T}}\boldsymbol{x}=\boldsymbol{y}$，得$\begin{cases}x_3=\dfrac{y_3}{d_3}=0\\ x_2=\dfrac{y_2}{d_2}-l_{32}x_3=-1\\ x_1=\dfrac{y_1}{d_1}-l_{21}x_2-l_{31}x_3=1\end{cases}$.

MATLAB 中矩阵的 Cholesky 分解函数是 chol，其调用格式为

R=chol(A) 或[R,p]=chol(A)

第一种格式当 $\boldsymbol{A}$ 正定时返回一个上三角矩阵 $\boldsymbol{R}$，使得 $\boldsymbol{A}=\boldsymbol{R}^{\mathrm{T}}\boldsymbol{R}$；当 $\boldsymbol{A}$ 非对称正定时返

回错误信息.第二种返回一个 $p-1$ 阶的上三角矩阵 $\boldsymbol{R}$,使得 $\boldsymbol{A}[1:p-1,1:p-1]=\boldsymbol{R}^{\mathrm{T}}\boldsymbol{R}$,即对 $\boldsymbol{A}$ 的最大正定主子矩阵做分解.特别地,当 $\boldsymbol{A}$ 正定时,p 返回 0.另外,若方阵 $\boldsymbol{A}$ 非对称,则 MATLAB 分解用 $\boldsymbol{A}$ 上三角的转置替换其下三角的矩阵.

例 3-8 求矩阵 $\boldsymbol{A}=\begin{bmatrix}2 & 1 & 1\\ 1 & 2 & -1\\ 1 & -1 & 3\end{bmatrix}$ 的 Cholesky 分解.

解:在 MATLAB 命令窗口输入:

```
>>A=[2,1,1;1,2,-1;1,-1,3];
>>R=chol(A)
R=

    1.4142    0.7071    0.7071
         0    1.2247   -1.2247
         0         0    1.0000
```

验证:

```
>>R' * R
ans=
    2.0000    1.0000    1.0000
    1.0000    2.0000   -1.0000
    1.0000   -1.0000    3.0000
```

3.3 三对角方程组的追赶法

在科学与工程计算中常常会遇到求解三对角方程组

$$\boldsymbol{A}\boldsymbol{x}=\boldsymbol{f} \tag{3.14}$$

三对角方程组的追赶法

的问题,其中

$$\boldsymbol{A}=\begin{bmatrix}b_1 & c_1 & & & & \\ a_2 & b_2 & c_2 & & & \\ & a_3 & b_3 & c_3 & & \\ & & \ddots & \ddots & \ddots & \\ & & & a_{n-1} & b_{n-1} & c_{n-1}\\ & & & & a_n & b_n\end{bmatrix},\boldsymbol{x}=\begin{bmatrix}x_1\\ x_2\\ \vdots\\ x_{n-1}\\ x_n\end{bmatrix},\boldsymbol{f}=\begin{bmatrix}f_1\\ f_2\\ \vdots\\ f_{n-1}\\ f_n\end{bmatrix}$$

系数矩阵 $\boldsymbol{A}$ 为三对角矩阵,非零元素分布在主对角线及其相邻两条次对角线上,且满足

①$a_i\neq 0(i=2,3,\cdots,n),c_i\neq 0(i=1,2,\cdots,n-1)$

②$|b_1|>|c_1|,|b_i|\geqslant|a_i|+|c_i|(i=2,3,\cdots,n-1),|b_n|>|a_n|$

条件①表明方程组不能降阶,若某个 a_i 或 c_i 为 0,则方程组(3.14)能够分解为两个低

阶的方程组;条件②表明矩阵 $\boldsymbol{A}$ 是一个对角占优的三对角阵,能够进行三角分解.

对 $\boldsymbol{A}$ 进行 Crout 分解,

$$\boldsymbol{A}=\begin{bmatrix} b_1 & c_1 & & & & \\ a_2 & b_2 & c_2 & & & \\ & a_3 & b_3 & c_3 & & \\ & & \ddots & \ddots & \ddots & \\ & & & a_{n-1} & b_{n-1} & c_{n-1} \\ & & & & a_n & b_n \end{bmatrix}$$

$$=\begin{bmatrix} l_1 & & & & & \\ v_2 & l_2 & & & & \\ & v_3 & l_3 & & & \\ & & \ddots & \ddots & & \\ & & & v_{n-1} & l_{n-1} & \\ & & & & v_n & l_n \end{bmatrix}\begin{bmatrix} 1 & u_1 & & & & \\ & 1 & u_2 & & & \\ & & 1 & u_3 & & \\ & & & \ddots & \ddots & \\ & & & & 1 & u_{n-1} \\ & & & & & 1 \end{bmatrix}$$

式中,v_i,l_i和 u_i 为待定常数,则有

$$\begin{cases} a_i=v_i \\ b_1=l_1,b_i=v_iu_{i-1}+l_i \\ c_{i-1}=l_{i-1}u_{i-1} \end{cases}\quad (i=2,3,\cdots,n)$$

由此可得计算公式

$$\begin{cases} v_i=a_i \\ l_1=b_1,l_i=b_i-v_iu_{i-1} \\ u_{i-1}=c_{i-1}/l_{i-1} \end{cases}\quad (i=2,3,\cdots,n)$$

求解方程组 $\boldsymbol{Ax}=\boldsymbol{f}$ 可归结为求解两个三角方程组

①解 $\boldsymbol{Ly}=\boldsymbol{f}$,顺代求出 $\boldsymbol{y}$;

②解 $\boldsymbol{Ux}=\boldsymbol{y}$,回代求出 $\boldsymbol{x}$.

首先求解方程组 $\boldsymbol{Ly}=\boldsymbol{f}$,即

$$\begin{bmatrix} l_1 & & & & & \\ v_2 & l_2 & & & & \\ & v_3 & l_3 & & & \\ & & \ddots & \ddots & & \\ & & & v_{n-1} & l_{n-1} & \\ & & & & v_n & l_n \end{bmatrix}\begin{bmatrix} y_1 \\ y_2 \\ \vdots \\ y_n \end{bmatrix}=\begin{bmatrix} f_1 \\ f_2 \\ \vdots \\ f_n \end{bmatrix}$$

则有计算公式

$$\begin{cases} l_1y_1=f_1 \\ v_iy_{i-1}+l_iy_i=f_i \end{cases}\quad (i=2,3,\cdots,n)$$

顺代求解得

$$\begin{cases} y_1=f_1/l_1 \\ y_i=(f_i-v_iy_{i-1})/l_i \end{cases}\quad (i=2,3,\cdots,n)$$

再求解方程组 $\boldsymbol{U}\boldsymbol{x}=\boldsymbol{y}$，即

$$\begin{bmatrix} 1 & u_1 & & & & \\ & 1 & u_2 & & & \\ & & 1 & & & \\ & & & \ddots & \ddots & \\ & & & & 1 & u_{n-1} \\ & & & & & 1 \end{bmatrix}\begin{bmatrix} x_1 \\ x_2 \\ \vdots \\ x_n \end{bmatrix}=\begin{bmatrix} y_1 \\ y_2 \\ \vdots \\ y_n \end{bmatrix}$$

则有计算公式

$$\begin{cases} x_i+u_ix_{i+1}=y_i \\ x_n=y_n \end{cases} \quad (i=2,3,\cdots,n)$$

回代求解得

$$\begin{cases} x_n=y_n \\ x_i=y_i-u_ix_{i+1} \end{cases} \quad (i=n-1,\cdots,2,1)$$

通常把计算 $l_l\to l_2\to\cdots\to l_{n-1}$ 和 $y_1\to y_2\to\cdots\to y_n$ 的过程称为追的过程，而把计算方程组的解 $x_n\to x_{n-1}\to\cdots\to x_1$ 的过程称为赶的过程，这一方法称为解三对角方程组的追赶法(chase after method of tridiagonal equations).

实际计算中，$\boldsymbol{A}$ 的阶数往往很高，应注意其存储技术，一般用 4 个一维数组就可存完，即$\{a_i\}$，$\{b_i\}$，$\{c_i\}$，$\{f_i\}$各占一个数组，$\{v_i\}$，$\{l_i\}$，$\{u_i\}$可存放在$\{a_i\}$，$\{b_i\}$，$\{c_i\}$的位置，$\{y_i\}$，$\{x_i\}$可存放在$\{f_i\}$的位置，整个运算可在 4 个一维数组中运行. 追赶法的计算量很小，只为 $5n-3$.

例 3-9 应用追赶法求解方程组 $\begin{bmatrix} 2 & -1 & & \\ -1 & 3 & -2 & \\ & -2 & 4 & -2 \\ & & -3 & 5 \end{bmatrix}\begin{bmatrix} x_1 \\ x_2 \\ x_3 \\ x_4 \end{bmatrix}=\begin{bmatrix} 6 \\ 1 \\ 0 \\ 1 \end{bmatrix}$.

解：容易验证，此线性方程组为对角占优的三对角阵，对其进行三角分解，得

$$l_1=b_1=2, u_1=\frac{c_1}{l_1}=-\frac{1}{2}, l_2=b_2-a_2u_1=3-(-1)\left(-\frac{1}{2}\right)=\frac{5}{2}$$

$$u_2=\frac{c_2}{l_2}=-\frac{4}{5}, l_3=b_3-a_3u_2=\frac{12}{5}, u_3=\frac{c_3}{l_3}=-\frac{5}{6}, l_4=b_4-a_4u_3=\frac{5}{2}$$

故系数矩阵的三角分解为

$$\begin{bmatrix} 2 & -1 & & \\ -1 & 3 & -2 & \\ & -2 & 4 & -2 \\ & & -3 & 5 \end{bmatrix}=\begin{bmatrix} 2 & & & \\ -1 & \frac{5}{2} & & \\ & -2 & \frac{12}{5} & \\ & & -3 & \frac{5}{2} \end{bmatrix}\begin{bmatrix} 1 & -\frac{1}{2} & & \\ & 1 & -\frac{4}{5} & \\ & & 1 & -\frac{5}{6} \\ & & & 1 \end{bmatrix}$$

解下三角方程组 $\begin{bmatrix} 2 & & & \\ -1 & \frac{5}{2} & & \\ & -2 & \frac{12}{5} & \\ & & -3 & \frac{5}{2} \end{bmatrix} \begin{bmatrix} y_1 \\ y_2 \\ y_3 \\ y_4 \end{bmatrix} = \begin{bmatrix} 6 \\ 1 \\ 0 \\ 1 \end{bmatrix}$，得

$$y_1=3, y_2=\frac{8}{5}, y_3=\frac{4}{3}, y_4=2$$

解上三角方程组 $\begin{bmatrix} 1 & -\frac{1}{2} & & \\ & 1 & -\frac{4}{5} & \\ & & 1 & -\frac{5}{6} \\ & & & 1 \end{bmatrix} \begin{bmatrix} x_1 \\ x_2 \\ x_3 \\ x_4 \end{bmatrix} = \begin{bmatrix} 3 \\ \frac{8}{5} \\ \frac{4}{3} \\ 2 \end{bmatrix}$，得

$$x_4=2, x_3=3, x_2=4, x_1=5$$

以下给出用追赶法求解线性方程组的 MATLAB 程序：

chase.m 文件

```
function x=chase(a,b,c,d)
    %追赶法(Chase after)用于求解三对角线性方程组
    %a—下对角线元素向量
    %b—主对角线元素向量
    %c—上对角线元素向量
    %d—右侧常数项向量
    n=length(d);%获取方程组的阶数
    if any(b==0)
        error('主对角线元素不能为零！');
    end
    if ~all([length(a),length(b),length(c),length(d)])==n
        error('向量 a,b,c 和 d 的长度必须相等！')
    end
    l=zeros(n,1);%初始化 l
    u=zeros(n,1);%初始化 u
    y=zeros(n,1);%初始化 y
    x=zeros(n,1);%初始化解向量
    l(1)=b(1);
    y(1)=d(1)/l(1);%顺代计算 y
    for i=2:n
        u(i-1)=c(i-1)/l(i-1);
```

```
l(i)=b(i)-a(i)*u(i-1);
    y(i)=(d(i)-a(i)*y(i-1))/l(i);
end
x(n)=y(n); % 回代计算解向量 x
for i=(n-1):-1:1
    x(i)=y(i)-u(i)*x(i+1);
end
end
```

在命令窗口输入以下代码来调用这个函数求解例 3-9：

```
>>a=[0,-1,-2,-3];
>>b=[2,3,4,5];
>>c=[-1,-2,-2,0];
>>d=[6,1,0,1];
>>x=chase(a,b,c,d)
```

返回如下结果：

```
x=
    5
    4
    3
    2
```

本章小结

本章主要讲解了求解线性方程组的直接法. Gauss 消去法是目前求解中小规模线性方程组常用的方法，一般适用于系数矩阵稠密(即矩阵的绝大多数元素都是非零的)的线性方程组，但这个算法是不稳定的. 经过改进的 Gauss 列主元消去法具有良好的数值稳定性，是计算机上使用较多的一种有效方法. LU 分解法考虑直接把系数矩阵分解成两个具有特殊形式的矩阵的乘积，Doolittle 分解法和 Crout 分解法是 LU 分解法的两种形式，Cholesky 分解法作用的对象是对称正定矩阵，这种方法是数值稳定的. 为避免开方运算，可以对 Cholesky 分解法进行改进. 追赶法是求解系数矩阵为对角占优的三对角线性方程组的高效方法，具有方法简单、计算量小、算法稳定等优点.

本章知识图谱如图 3.1 所示：

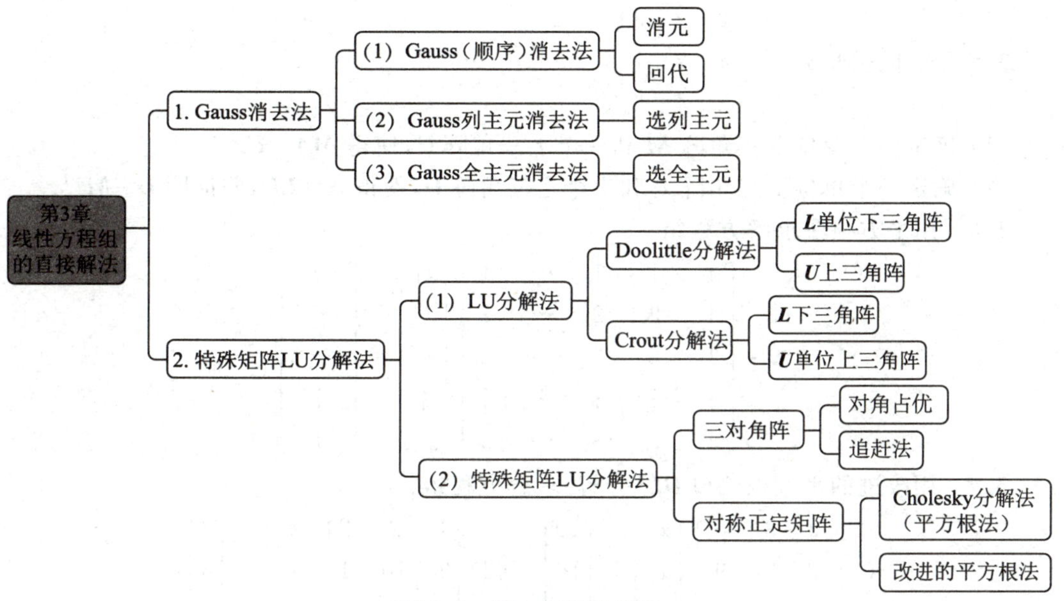

图 3.1　第 3 章知识图谱

习题 3

3.1　用 Gauss(顺序)消去法求解下列线性方程组

$$\begin{cases} x_1+x_2+x_3+x_4=5 \\ x_1+2x_2-x_3+4x_4=-2 \\ 2x_1-3x_2-x_3-5x_4=-2 \\ 3x_1+x_2+2x_3+11x_4=0 \end{cases}$$

3.2　用 Gauss 列主元消去法求解下列线性方程组

$$\begin{cases} x_1-2x_2+x_3=8 \\ x_2+3x_3=10 \\ 3x_1+x_2+2x_3=7 \end{cases}$$

3.3　用 Doolittle 分解法和 Crout 分解法解下列线性方程组

$$\begin{cases} -x_1+x_2+4x_3=2 \\ -3x_1+6x_2+14x_3=17 \\ -2x_1-x_2+11x_3=-2 \end{cases}$$

3.4　下列矩阵能否分解为 $\boldsymbol{LU}$($\boldsymbol{L}$ 为单位下三角阵,$\boldsymbol{U}$ 为上三角阵)？若能分解,那么分解是否唯一.

$$\boldsymbol{A}=\begin{bmatrix} 1 & 2 & 3 \\ 2 & 4 & 1 \\ 4 & 6 & 7 \end{bmatrix},\boldsymbol{B}=\begin{bmatrix} 1 & 2 & 6 \\ 2 & 5 & 15 \\ 6 & 15 & 46 \end{bmatrix}$$

3.5 对于矩阵 $\boldsymbol{A}=\begin{bmatrix} 2 & 2 & 3 \\ 4 & 7 & 7 \\ -2 & 4 & 5 \end{bmatrix}$，

(1) 确定一个单位下三角阵 $\boldsymbol{M}$ 和一个上三角阵 $\boldsymbol{U}$，使得 $\boldsymbol{MA}=\boldsymbol{U}$.

(2) 确定一个单位下三角阵 $\boldsymbol{L}$ 和一个上三角阵 $\boldsymbol{U}$，使得 $\boldsymbol{A}=\boldsymbol{LU}$，并证明 $\boldsymbol{L}=\boldsymbol{M}^{-1}$.

3.6 用平方根法求解方程组

$$\boldsymbol{A}=\begin{bmatrix} 1 & 1 & 1 & \cdots & 1 \\ 1 & 2 & 2 & \cdots & 2 \\ 1 & 2 & 3 & \cdots & 3 \\ \vdots & \vdots & \vdots & \vdots & \vdots \\ 1 & 2 & 3 & \cdots & n \end{bmatrix}\begin{bmatrix} x_1 \\ x_2 \\ x_3 \\ \vdots \\ x_n \end{bmatrix}=\begin{bmatrix} n \\ n-1 \\ n-2 \\ \vdots \\ 1 \end{bmatrix}$$

3.7 用改进的平方根法($\boldsymbol{LDL}^{\mathrm{T}}$分解)求解方程组：

$$(1)\begin{bmatrix} 3 & 3 & 5 \\ 3 & 5 & 9 \\ 5 & 9 & 17 \end{bmatrix}\begin{bmatrix} x_1 \\ x_2 \\ x_3 \end{bmatrix}=\begin{bmatrix} 10 \\ 16 \\ 30 \end{bmatrix} \qquad (2)\begin{bmatrix} 4 & 2 & 2 \\ 2 & 10 & 1 \\ 2 & 1 & 2 \end{bmatrix}\begin{bmatrix} x_1 \\ x_2 \\ x_3 \end{bmatrix}=\begin{bmatrix} 3 \\ 6 \\ 2 \end{bmatrix}$$

3.8 用追赶法求解下列线性方程组

$$\begin{bmatrix} 2 & -1 & 0 & 0 & 0 \\ -1 & 2 & -1 & 0 & 0 \\ 0 & -1 & 2 & -1 & 0 \\ 0 & 0 & -1 & 2 & -1 \\ 0 & 0 & 0 & -1 & 2 \end{bmatrix}\begin{bmatrix} x_1 \\ x_2 \\ x_3 \\ x_4 \\ x_5 \end{bmatrix}=\begin{bmatrix} 1 \\ 0 \\ 0 \\ 0 \\ 0 \end{bmatrix}$$

3.9 若 $\boldsymbol{A}$ 是实对称正定矩阵，试证明：

(1) $\boldsymbol{A}^{-1}$ 也是对称正定矩阵，

(2) $\boldsymbol{A}$ 的对角元全大于零.

3.10 试推导用 Cholesky 分解法求解对称正定三对角方程组的计算公式.

第 4 章　线性方程组的迭代法

对于方程组

$$\boldsymbol{Ax}=\boldsymbol{b}$$

若系数矩阵 $\boldsymbol{A}$ 为低阶稠密矩阵，第 3 章介绍的直接解法是有效方法. 然而，对于工程技术领域中产生的大型稀疏矩阵方程组，用直接法计算时，一次消元过程就可以使系数矩阵丧失其稀疏性，无法有效利用其稀疏性的特点，采用本章介绍的迭代法则更为有效.

在介绍线性方程组的迭代法之前先介绍范数的知识.

4.1　向量范数与矩阵范数

为了研究迭代过程中线性方程组近似解的误差和迭代法的收敛性，需要对向量和矩阵的"大小"进行度量. 为此，本节引入向量范数（vector norm）和矩阵范数（matrix norm）的概念.

向量和矩阵的范数

4.1.1　向量范数

定义 4-1　如果 $\boldsymbol{x}\in\mathbf{R}^n$ 的某个实值函数 $\|\boldsymbol{x}\|$ 满足：

①（非负性）：$\|\boldsymbol{x}\|\geqslant 0$，当且仅当 $\boldsymbol{x}=\boldsymbol{0}$ 时，$\|\boldsymbol{x}\|=0$；

②（齐次性）：$\|k\boldsymbol{x}\|=|k|\,\|\boldsymbol{x}\|\ (k\in\mathbf{R})$；

③（三角不等式）：$\|\boldsymbol{x}+\boldsymbol{y}\|\leqslant\|\boldsymbol{x}\|+\|\boldsymbol{y}\|$.

那么称 $\|\boldsymbol{x}\|$ 为 $\mathbf{R}^n$ 上的向量范数.

容易看出，实数的绝对值、复数的根、三维向量的模都满足以上 3 条，$\mathbf{R}^n$ 上的向量范数是它们的自然推广. 向量空间上可以定义多种范数，常用的向量范数有以下 3 种.

定义 4-2　设向量 $\boldsymbol{x}=(x_1,x_2,\cdots,x_n)$，定义

①1-范数：

$$\|\boldsymbol{x}\|_1=\sum_{i=1}^{n}|x_i|=|x_1|+|x_2|+\cdots+|x_n|$$

②2-范数：

$$\|\boldsymbol{x}\|_2=\left(\sum_{i=1}^{n}x_i^2\right)^{\frac{1}{2}}$$

③∞-范数：

$$\|x\|_\infty=\max_{1\leqslant i\leqslant n}|x_i|$$

例 4-1 设 $x=(1,0,-1,2)^T$，求 x 的范数.

解：

$$\|x\|_1=|1|+|0|+|-1|+|2|=4$$

$$\|x\|_2=\sqrt{1^2+0^2+(-1)^2+2^2}=\sqrt{6}$$

$$\|x\|_\infty=\max\{|1|,|0|,|-1|,|2|\}=2$$

4.1.2 矩阵范数

将向量范数的定义推广到矩阵上去，用 $\mathbf{R}^{n\times n}$ 表示所有 $n\times n$ 阶矩阵的集合.

定义 4-3 如果矩阵 $A\in\mathbf{R}^{n\times n}$ 的某个实值函数 $\|A\|$ 满足：

①(非负性)：$\|A\|\geqslant 0$，当且仅当 $A=0$ 时，$\|A\|=0$；

②(齐次性)：$\|kA\|=|k|\,\|A\|$，$k\in\mathbf{R}$；

③(三角不等式)：$\|A+B\|\leqslant\|A\|+\|B\|$，$A,B\in\mathbf{R}^{n\times n}$；

④(相容性)：$\|AB\|\leqslant\|A\|\,\|B\|$，$A,B\in\mathbf{R}^{n\times n}$；

则称 $\|A\|$ 为 $\mathbf{R}^{n\times n}$ 上的矩阵范数.

定义 4-4 给定 $\mathbf{R}^n$ 上的向量范数 $\|x\|$ 和 $\mathbf{R}^{n\times n}$ 上的一种矩阵范数 $\|A\|$，如果它们满足

$$\|Ax\|\leqslant\|A\|\,\|x\|$$

则称矩阵范数 $\|A\|$ 与向量范数 $\|x\|$ 相容(consistent).

下面通过给定的向量范数来定义与之相容的矩阵范数.

定义 4-5 设向量 $x\in\mathbf{R}^n$，矩阵 $A\in\mathbf{R}^{n\times n}$，且给定一种向量范数 $\|x\|$，定义矩阵 A 的一个实值函数

$$\|A\|=\max_{x\neq 0}\frac{\|Ax\|}{\|x\|}=\max_{\|x\|=1}\|Ax\| \tag{4.1}$$

称之为由向量范数导出的矩阵范数，也称为算子范数或从属范数.

容易验证式(4.1)定义的范数满足定义 4-3.

定理 4-1 设矩阵 $A=(a_{ij})_{n\times n}\in\mathbf{R}^{n\times n}$，则

① $\|A\|_1=\max\limits_{1\leqslant j\leqslant n}\sum\limits_{i=1}^{n}|a_{ij}|$，称为 A 的 1 范数或列范数；

② $\|A\|_2=\sqrt{\lambda_{\max}(A^TA)}$，称为 A 的 2 范数，其中 $\lambda_{\max}(A^TA)$ 是矩阵 A^TA 的最大特征值；

③ $\|A\|_\infty=\max\limits_{1\leqslant i\leqslant n}\sum\limits_{j=1}^{n}|a_{ij}|$，称为 A 的无穷范数或行范数.

例 4-2 设矩阵 $A=\begin{bmatrix}1 & 2\\ -2 & 3\end{bmatrix}$，计算 $\|A\|_1$，$\|A\|_2$，$\|A\|_\infty$.

解：易知

$$\|A\|_1=\max\{|1|+|-2|,|2|+|-3|\}=5$$

$$\|A\|_\infty=\max\{|1|+|2|,|-2|+|-3|\}=5$$

计算得

$$\boldsymbol{A}^{\mathrm{T}}\boldsymbol{A}=\begin{bmatrix}1 & -2\\2 & -3\end{bmatrix}\begin{bmatrix}1 & 2\\-2 & -3\end{bmatrix}=\begin{bmatrix}5 & 8\\8 & 13\end{bmatrix}$$

则

$$|\lambda\boldsymbol{I}-\boldsymbol{A}^{\mathrm{T}}\boldsymbol{A}|=\begin{vmatrix}\lambda-5 & -8\\-8 & \lambda-13\end{vmatrix}=(\lambda-5)(\lambda-13)=\lambda^2-18\lambda+1=0$$

进而求得 $\boldsymbol{A}^{\mathrm{T}}\boldsymbol{A}$ 的特征值为 $\lambda=\dfrac{18\pm\sqrt{18^2-4}}{2}=9\pm4\sqrt{5}$，因此

$$\|\boldsymbol{A}\|_2=\sqrt{\lambda_{\max}(\boldsymbol{A}^{\mathrm{T}}\boldsymbol{A})}=\sqrt{9+4\sqrt{5}}\approx4.236$$

有了向量和矩阵范数的概念，就可以定义向量和矩阵序列的收敛.

定义 4-6　设有 n 维向量序列 $\boldsymbol{x}^{(k)}=(x_1^{(k)},x_2^{(k)},\cdots,x_n^{(k)})^{\mathrm{T}}$ 及 n 维向量 $\boldsymbol{x}=(x_1,x_2,\cdots,x_n)^{\mathrm{T}}$，如果

$$\lim_{k\to\infty}x_i^{(k)}=x_i,i=1,2,\cdots,n$$

成立，则称 $\{\boldsymbol{x}^{(k)}\}$ 收敛于 $\boldsymbol{x}$，记为 $\lim\limits_{k\to\infty}\boldsymbol{x}^{(k)}=\boldsymbol{x}$.

定理 4-2　$\mathbf{R}^n$（或 $\mathbf{R}^{n\times n}$）上的任意两种向量（或矩阵）范数均等价，即对于 $\mathbf{R}^n$（或 $\mathbf{R}^{n\times n}$）上的任意两种范数 $\|\boldsymbol{A}\|_{\mathrm{r}}$ 和 $\|\boldsymbol{A}\|_{\mathrm{s}}$，存在常数 $c_1,c_2>0$，使得对任意的 $\boldsymbol{A}\in\mathbf{R}^n$（或 $\boldsymbol{A}\in\mathbf{R}^{n\times n}$），都有

$$c_1\|\boldsymbol{A}\|_{\mathrm{r}}\leqslant\|\boldsymbol{A}\|_{\mathrm{s}}\leqslant c_2\|\boldsymbol{A}\|_{\mathrm{r}}$$

证明：略.

定理 4-3　向量序列 $\{\boldsymbol{x}^{(k)}\}$ 收敛于向量 $\boldsymbol{x}$ 等价于 $\{\boldsymbol{x}^{(k)}\}$ 依范数收敛于 $\boldsymbol{x}$，即

$$\lim_{k\to\infty}\|\boldsymbol{x}^{(k)}-\boldsymbol{x}\|=0$$

式中，$\|\cdot\|$ 为向量的任一范数.

从以上定理可以看出，如果向量序列在一种范数意义下收敛，则在任何一种范数意义下都收敛. 因此讨论向量序列的收敛性时，可不指明使用何种范数；证明时，也只要就某一种我们认为方便的范数证明就行了.

4.1.3　矩阵的谱半径

与矩阵范数相关的一个概念是矩阵谱半径(spectral radius).

定义 4-7　设矩阵 $\boldsymbol{A}\in\mathbf{R}^{n\times n}$ 的特征值为 $\lambda_1,\lambda_2,\cdots,\lambda_n$，则称

$$\rho(\boldsymbol{A})=\max_{1\leqslant i\leqslant n}|\lambda_i|$$

为矩阵 $\boldsymbol{A}$ 的谱半径.

定理 4-4　设 $\boldsymbol{A}\in\mathbf{R}^{n\times n}$，则对任一种矩阵范数 $\|\boldsymbol{A}\|$，均有

$$\rho(\boldsymbol{A})\leqslant\|\boldsymbol{A}\|$$

证明：设 λ 为 $\boldsymbol{A}$ 的任一特征值，则由定义可知存在 $\boldsymbol{x}\neq\boldsymbol{0}$，使得 $\boldsymbol{Ax}=\lambda\boldsymbol{x}$. 两边取范数，得

$$|\lambda|\,\|\boldsymbol{x}\|=\|\lambda\boldsymbol{x}\|=\|\boldsymbol{Ax}\|\leqslant\|\boldsymbol{A}\|\,\|\boldsymbol{x}\|$$

注意到 $\|\boldsymbol{x}\|\neq0$，两边消去 $\|\boldsymbol{x}\|$，得 $|\lambda|\leqslant\|\boldsymbol{A}\|$，故有 $\rho(\boldsymbol{A})\leqslant\|\boldsymbol{A}\|$.

定理 4-5　设 $\boldsymbol{A}\in\mathbf{R}^{n\times n}$，则 $\boldsymbol{A}^k\to0(k\to\infty)$ 的充分必要条件是 $\boldsymbol{A}$ 的谱半径 $\rho(\boldsymbol{A})<1$.

证明：略

4.2 Jacobi 迭代法

在集成电路设计、结构分析、网络理论、电力分布系统、图论相关问题中，常常得到有大量零元素的大型方程组，对于此类方程组的求解，迭代法在计算机存储和计算等方面是高效的.

Jacobi 迭代法

线性方程组

$$\boldsymbol{Ax}=\boldsymbol{b} \tag{4.2}$$

式中，$\boldsymbol{A}$ 非奇异，$\boldsymbol{b}\neq\boldsymbol{0}$，因而它有唯一解. 类似于求解非线性方程的简单迭代法，首先把方程组(4.2)转化成等价方程组

$$\boldsymbol{x}=\boldsymbol{Bx}+\boldsymbol{f} \tag{4.3}$$

然后取定初值 $x^{(0)}$，由迭代公式

$$\boldsymbol{x}^{(k+1)}=\boldsymbol{Bx}^{(k)}+\boldsymbol{f},k=0,1,2,\cdots \tag{4.4}$$

产生一个向量序列$\{\boldsymbol{x}^{(k)}\}$. 如果$\lim\limits_{k\to\infty}\boldsymbol{x}^{(k)}=\boldsymbol{x}^*$，则称此迭代法收敛，且有 $\boldsymbol{x}^*=\boldsymbol{Bx}^*+\boldsymbol{f}$，显然 $\boldsymbol{x}^*$ 就是方程组(4.3)的解，也就是方程组(4.2)的解. 这里 $\boldsymbol{B}$ 称为迭代矩阵.

迭代法的关键有：

①如何构造迭代公式 $\boldsymbol{x}^{(k+1)}=\boldsymbol{Bx}^{(k)}+\boldsymbol{f}$；

②迭代法产生的向量序列$\{\boldsymbol{x}^{(k)}\}$的收敛条件是什么？

首先我们介绍最简单的迭代法——Jacobi 迭代法(Jacobi iterative method). 先看一个算例：

例 4-3 求解线性方程组：

$$\begin{cases}10x_1-x_2+2x_3=6\\-x_1+11x_2-x_3=22\\2x_1-x_2+10x_3=-10\end{cases} \tag{4.5}$$

解： 从以上三个方程分别解出 x_1,x_2,x_3

$$\begin{cases}x_1=\dfrac{1}{10}(x_2-2x_3+6)\\[2ex]x_2=\dfrac{1}{11}(x_1+x_3+22)\\[2ex]x_3=\dfrac{1}{10}(-2x_1+x_2-10)\end{cases}$$

即 $\boldsymbol{Ax}=\boldsymbol{b}$ 写成了 $\boldsymbol{x}=\boldsymbol{Bx}+\boldsymbol{f}$ 的形式，式中，

$$\boldsymbol{B}=\begin{bmatrix}0&\dfrac{1}{10}&-\dfrac{2}{10}\\[2ex]\dfrac{1}{11}&0&\dfrac{1}{11}\\[2ex]-\dfrac{2}{10}&\dfrac{1}{10}&0\end{bmatrix},\boldsymbol{f}=\begin{bmatrix}\dfrac{6}{10}\\[2ex]\dfrac{22}{11}\\[2ex]-\dfrac{10}{10}\end{bmatrix}$$

进行迭代

$$\begin{cases} x_1^{(k+1)}=\dfrac{1}{10}(x_2^{(k)}-2x_3^{(k)}+6) \\ x_2^{(k+1)}=\dfrac{1}{11}(x_1^{(k)}+x_3^{(k)}+22) \\ x_3^{(k+1)}=\dfrac{1}{10}(-2x_1^{(k)}+x_2^{(k)}-10) \end{cases}$$

给定初始近似值 $\boldsymbol{x}^{(0)}=(0,0,0)^{\mathrm{T}}$，可逐次计算得到 $\boldsymbol{x}^{(1)},\boldsymbol{x}^{(2)},\cdots$，如表 4.1 所列.

表 4.1　方程组(4.5)的近似解

k	1	2	3	4	5	6	7
$x_1^{(k)}$	0.6000	1.0000	0.9804	1.0015	0.9989	1.0002	0.9999
$x_2^{(k)}$	2.0000	1.9636	2.0073	1.9979	2.0006	1.9999	2.0000
$x_3^{(k)}$	−1.0000	−0.9200	−1.0036	−0.9953	−1.0005	−0.9997	−1.0000

容易验证，原方程组的精确解为 $\boldsymbol{x}=(1,2,-1)^{\mathrm{T}}$. 根据以下条件

$$\| \boldsymbol{x}^{(k+1)}-\boldsymbol{x}^{(k)} \|_{\infty}<10^{-3}$$

可确定迭代 7 次之后结束，方程组的近似解为 $\boldsymbol{x}^*=(0.9999,2.0000,-1.0000)^{\mathrm{T}}$.

以上过程称为 Jacobi 迭代法. 它从 $\boldsymbol{Ax}=\boldsymbol{b}$ 中的第 i 个方程求解第 i 个分量

$$\begin{cases} a_{11}x_1+a_{12}x_2+\cdots+a_{1n}x_n=b_1 \\ a_{21}x_1+a_{22}x_2+\cdots+a_{2n}x_n=b_2 \\ \qquad\vdots \\ a_{n1}x_1+a_{n2}x_2+\cdots+a_{nn}x_n=b_n \end{cases} \Rightarrow \begin{cases} x_1=\dfrac{1}{a_{11}}(-a_{12}x_2-\cdots-a_{1n}x_n+b_1) \\ x_2=\dfrac{1}{a_{22}}(-a_{21}x_1-\cdots-a_{2n}x_n+b_2) \\ \qquad\vdots \\ x_n=\dfrac{1}{a_{nn}}(-a_{n1}x_1-\cdots-a_{n,n-1}x_{n-1}+b_n) \end{cases}$$

即

$$x_i=\frac{1}{a_{ii}}\Big(-\sum_{\substack{j=1 \\ j\neq i}}^{i-1}a_{ij}x_j+b_i\Big),i=1,2,\cdots,n$$

由此可得 Jacobi 迭代法的分量形式为

$$\begin{cases} x_1^{(k+1)}=\dfrac{1}{a_{11}}(-a_{12}x_2^{(k)}-\cdots-a_{1n}x_n^{(k)}+b_1) \\ x_2^{(k+1)}=\dfrac{1}{a_{22}}(-a_{21}x_1^{(k)}-\cdots-a_{2n}x_n^{(k)}+b_2) \\ \qquad\vdots \\ x_n^{(k+1)}=\dfrac{1}{a_{nn}}(-a_{n1}x_1^{(k)}-\cdots-a_{n,n-1}x_{n-1}^{(k)}+b_n) \end{cases} \tag{4.6}$$

当 $k\geqslant 0$ 时，从 $\boldsymbol{x}^{(k)}$ 计算可得

$$x_i^{(k+1)}=\frac{1}{a_{ii}}\Big(-\sum_{\substack{j=1 \\ j\neq i}}^{i-1}a_{ij}x_j^{(k)}+b_i\Big),i=1,2,\cdots,n$$

将系数矩阵 $\boldsymbol{A}$ 分解为

$$\boldsymbol{A}=\boldsymbol{D}-\boldsymbol{L}-\boldsymbol{U}$$

式中，

$$\boldsymbol{D}=\begin{bmatrix} a_{11} & & & \\ & a_{22} & & \\ & & \ddots & \\ & & & a_{nn} \end{bmatrix},\boldsymbol{L}=\begin{bmatrix} 0 & & & & \\ -a_{21} & 0 & & & \\ -a_{31} & -a_{32} & 0 & & \\ \vdots & \vdots & \cdots & \ddots & \\ -a_{n1} & -a_{n2} & \cdots & -a_{n,n-1} & 0 \end{bmatrix}$$

$$\boldsymbol{U}=\begin{bmatrix} 0 & -a_{12} & -a_{13} & \cdots & -a_{1n} \\ & 0 & -a_{23} & \cdots & -a_{2n} \\ & & \ddots & \ddots & \vdots \\ & & & 0 & -a_{n-1,n} \\ & & & & 0 \end{bmatrix}$$

分别是对角、下三角和上三角矩阵. 则方程 $\boldsymbol{Ax}=\boldsymbol{b}$ 就可转换成

$$(\boldsymbol{D}-\boldsymbol{L}-\boldsymbol{U})\boldsymbol{x}=\boldsymbol{b}$$

$$\boldsymbol{Dx}=(\boldsymbol{L}+\boldsymbol{U})\boldsymbol{x}+\boldsymbol{b}$$

如果 $a_{ii}\neq0(i=1,2,\cdots,n)$，那么 $\boldsymbol{D}^{-1}$ 存在，则

$$\boldsymbol{x}=\boldsymbol{D}^{-1}(\boldsymbol{L}+\boldsymbol{U})\boldsymbol{x}+\boldsymbol{D}^{-1}\boldsymbol{b}$$

构造迭代公式

$$\boldsymbol{x}^{(k+1)}=\boldsymbol{D}^{-1}(\boldsymbol{L}+\boldsymbol{U})\boldsymbol{x}^{(k)}+\boldsymbol{D}^{-1}\boldsymbol{b}$$

由此可得 Jacobi 迭代法的矩阵形式

$$\boldsymbol{x}^{(k+1)}=\boldsymbol{B}_{\mathrm{J}}\boldsymbol{x}^{(k)}+\boldsymbol{f}_{\mathrm{J}},k=0,1,\cdots$$

式中，$\boldsymbol{B}_{\mathrm{J}}=\boldsymbol{D}^{-1}(\boldsymbol{L}+\boldsymbol{U})$；$\boldsymbol{f}_{\mathrm{J}}=\boldsymbol{D}^{-1}\boldsymbol{b}$.

以下给出 Jacobi 迭代法求解线性方程组的算法：

jacobi_iteration.m 文件

```
function x=jacobi_iteration(A,b,x0,tol,max_iter)
%A:系数矩阵
%b:右侧向量
%x0:初始解向量
%tol:容忍误差
%max_iter:最大迭代次数
if nargin<5,max_iter=1000;end
if nargin<4,tol=1e-3;end
if nargin<3,x0=zeros(size(b));end
n=length(b); %方程组的数量
x=x0; %初始化解向量
D.=diag(diag(A)); %提取 A 的对角线元素
LU=A-D; %提取 A 的非对角线元素
```

```
for k=1:max_iter
    x_old=x; % 保存上一次的解向量
    x=D\(b-LU * x_old) % 执行 Jacobi 迭代
    % 检查收敛性
    if norm(x-x_old,inf)/norm(x,inf)<tol
        fprintf('Converged in % d iterations.\n',k);
        break;
    end
end
if k==max_iter
    fprintf('Not converged after % d iterations.\n',max_iter);
end
end
```

4.3　Gauss-Seidel 迭代法

在 Jacobi 迭代法的分量形式(4.6)中，在计算 $x_2^{(k+1)}$ 时，要使用 $x_1^{(k)}$，但此时 $x_1^{(k+1)}$ 已计算出来了，可以提前使用 $x_1^{(k+1)}$ 代替 $x_1^{(k)}$. 一般地，计算 $x_i^{(k+1)}(i>1)$ 时，$x_1^{(k+1)},\cdots,x_{i-1}^{(k+1)}$ 已经计算出来，并且可认为其比 $x_1^{(k)},\cdots,x_{i-1}^{(k)}$ 更接近于解 $x_1,\cdots,x_{i-1}$，因而使用新计算出来的值来计算 $x_i^{(k+1)}$ 更为合理. 这就形成了一种新的迭代法——Gauss-Seidel 迭代法. 由此可得 Gauss-Seidel 迭代法的分量形式：

Gauss-Seidel 迭代法

$$\begin{cases} x_1^{(k+1)}=\dfrac{1}{a_{11}}(-a_{12}x_2^{(k)}-\cdots-a_{1n}x_n^{(k)}+b_1) \\ x_2^{(k+1)}=\dfrac{1}{a_{22}}(-a_{21}x_1^{(k+1)}-\cdots-a_{2n}x_n^{(k)}+b_2) \\ \qquad\vdots \\ x_n^{(k+1)}=\dfrac{1}{a_{nn}}(-a_{n1}x_1^{(k+1)}-\cdots-a_{m-1}x_{n-1}^{(k+1)}+b_n) \end{cases} \tag{4.7}$$

即

$$x_i^{(k+1)}=\frac{1}{a_{ii}}(-\sum_{j=1}^{i-1}a_{ij}x_j^{(k+1)}-\sum_{j=i+1}^{n}a_{ij}x_j^{(k+1)}+b_i),i=1,2,\cdots,n$$

把方程组(4.7)两边同时乘以 a_{ii}，并将所有的第 $k+1$ 次迭代项合并，得

$$\begin{cases} a_{11}x_1^{(k+1)}=-a_{12}x_2^{(k)}-a_{13}x_3^{(k)}-\cdots-a_{1n}x_n^{(k)}+b_1 \\ a_{21}x_1^{(k+1)}+a_{22}x_2^{(k+1)}=-a_{23}x_3^{(k)}-\cdots-a_{2n}x_n^{(k)}+b_2 \\ \qquad\vdots \\ a_{n1}x_1^{(k+1)}+\cdots+a_{m-1}x_{n-1}^{(k+1)}+a_{nn}x_n^{(k+1)}=b_n \end{cases}$$

结合前面 $\boldsymbol{D},\boldsymbol{L},\boldsymbol{U}$ 的定义，得 $(\boldsymbol{D}-\boldsymbol{L})\boldsymbol{x}^{(k+1)}=\boldsymbol{U}\boldsymbol{x}^{(k)}+\boldsymbol{b}$，于是 Gauss-Seidel 迭代法的矩阵形

式为

$$x^{(k+1)}=B_G x^{(k)}+f_G,k=0,1,\cdots$$

式中，$B_G=(D-L)^{-1}U$；$f_G=(D-L)^{-1}b$.

以下给出 Gauss-Seidel 迭代法求解线性方程组的算法：

gauss_seidel.m 文件

```
function[x,num_iter]=gauss_seidel(A,b,x0,tol,max_iter)
%A:系数矩阵
%b:常数向量
%x0:初始解向量
%tol:容差,用于判断迭代是否收敛
%max_iter:最大迭代次数
if nargin<5,max_iter=1000;end
if nargin<4,tol=1e-3;end
if nargin<3,x0=zeros(size(b));end
n=length(b);%方程组的数量
x=x0;%初始化解向量
num_iter=0;
while num_iter<max_iter
    x_old=x;%保存上一次的解向量
    for i=1:n
        %计算 x 的新值,使用已经更新过的 x 值
        sum=0;
        for j=1:i-1
            sum=sum+A(i,j) * x(j);
        end
        for j=i+1:n
            sum=sum+A(i,j) * x_old(j);
        end
        x(i)=(b(i)-sum)/A(i,i);
    end
    %检查收敛性
    if norm(x-x_old,inf)/norm(x,inf)<tol
        break;
    end
    num_iter=num_iter+1;
end
end
```

例 4-4 用 Gauss-Seidel 迭代法求解线性方程组

$$\begin{cases}10x_1-x_2+2x_3=6\\-x_1+11x_2-x_3=22\\2x_1-x_2+10x_3=-10\end{cases}$$

解:由式(4.7)可得 Gauss-Seidel 迭代公式

$$\begin{cases}x_1^{(k+1)}=\dfrac{1}{10}(x_2^{(k)}-2x_3^{(k)}+6)\\[2mm]x_2^{(k+1)}=\dfrac{1}{11}(x_1^{(k+1)}+x_3^{(k)}+22)\\[2mm]x_3^{(k+1)}=\dfrac{1}{10}(-2x_1^{(k+1)}+x_2^{(k+1)}-10)\end{cases}$$

给定初始近似值 $\boldsymbol{x}^{(0)}=(0,0,0)^{\mathrm{T}}$,计算可得表 4.2 所列结果.

表 4.2　计算结果

k	1	2
$x_1^{(k)}$	0.6000	1.0000
$x_2^{(k)}$	2.0000	1.9636
$x_3^{(k)}$	−1.0000	−0.9200

这里用 2 次迭代即可得到与例 4-3 同样精度的解.

4.4　迭代法的收敛性

本节讨论迭代公式

$$\boldsymbol{x}^{(k+1)}=\boldsymbol{B}\boldsymbol{x}^{(k)}+\boldsymbol{f},k=0,1,\cdots$$

的收敛性问题,并将其用于判断 Jacobi 迭代法和 Gauss-Seidel 迭代法的收敛性.

定理 4-6　(迭代收敛性基本定理)对任意初始向量 $\boldsymbol{x}^{(0)}$,迭代方法

$$\boldsymbol{x}^{(k+1)}=\boldsymbol{B}\boldsymbol{x}^{(k)}+\boldsymbol{f},k=0,1,\cdots$$

收敛的充要条件是 $\boldsymbol{B}$ 的谱半径 $\rho(\boldsymbol{B})<1$.

证明:必要性:设迭代法产生的系列$\{\boldsymbol{x}^{(k)}\}$收敛于 $\boldsymbol{x}^*$,则 $\boldsymbol{x}^*=\boldsymbol{B}\boldsymbol{x}^*+\boldsymbol{f}$.

记误差向量

$$\begin{aligned}\boldsymbol{e}^{(k)}&=\boldsymbol{x}^{(k)}-\boldsymbol{x}^*=\boldsymbol{B}\boldsymbol{x}^{(k-1)}+\boldsymbol{f}-\boldsymbol{B}\boldsymbol{x}^*-\boldsymbol{f}=\boldsymbol{B}(\boldsymbol{x}^{(k-1)}-\boldsymbol{x}^*)=\boldsymbol{B}\boldsymbol{e}^{(k-1)}\\&=\boldsymbol{B}^2\boldsymbol{e}^{(k-2)}=\cdots=\boldsymbol{B}^k\boldsymbol{e}^{(0)}\end{aligned}$$

对任意的 $\boldsymbol{x}^{(0)}$,$\boldsymbol{e}^{(0)}=\boldsymbol{x}^{(0)}-\boldsymbol{x}^*$ 也是任意的,若 $\boldsymbol{B}^k\boldsymbol{e}^{(0)}\to0(k\to\infty)$,必须 $\boldsymbol{B}^k\to0(k\to\infty)$,由定理 4-5 知,$\rho(\boldsymbol{B})<1$.

充分性:设 $\rho(\boldsymbol{B})<1$,则 1 不是 $\boldsymbol{B}$ 的特征值,则$|\boldsymbol{I}-\boldsymbol{B}|\neq0$,于是$(\boldsymbol{I}-\boldsymbol{B})\boldsymbol{x}=\boldsymbol{f}$ 有唯一解,记为 $\boldsymbol{x}^*$,即 $\boldsymbol{x}^*=\boldsymbol{B}\boldsymbol{x}^*+\boldsymbol{f}$,于是

$$\boldsymbol{e}^{(k)}=\boldsymbol{x}^{(k)}-\boldsymbol{x}^*=\boldsymbol{B}(\boldsymbol{x}^{(k-1)}-\boldsymbol{x}^*)=\boldsymbol{B}\boldsymbol{e}^{(k-1)}=\boldsymbol{B}^2\boldsymbol{e}^{(k-2)}=\cdots=\boldsymbol{B}^k\boldsymbol{e}^{(0)}$$

由定理 4-5 知,有 $\boldsymbol{B}^k\to0(k\to\infty)$,所以 $\boldsymbol{e}^{(k)}\to0(k\to\infty)$,即 $\boldsymbol{x}^{(k)}\to\boldsymbol{x}^*(k\to\infty)$.

从定理 4-6 可以看出,迭代法收敛与否与迭代矩阵 $\boldsymbol{B}$ 的性态有关,与初始向量 $\boldsymbol{x}^{(0)}$ 和右端向量 $\boldsymbol{f}$ 无关.可以进一步证明,迭代矩阵的谱半径越小,收敛速度越快.

例 4-5 已知方程组

$$\begin{bmatrix}1 & 2\\0.3 & 1\end{bmatrix}\begin{bmatrix}x_1\\x_2\end{bmatrix}=\begin{bmatrix}1\\2\end{bmatrix}$$

判断用 Jacobi 迭代法和 Gauss-Seidel 迭代法求解此方程组时的收敛性.

解:方程组的 Jacobi 迭代公式为

$$\begin{cases}x_1^{(k+1)}=-2x_2^{(k)}+1\\x_2^{(k+1)}=-0.3x_1^{(k)}+2\end{cases}$$

迭代矩阵 $\boldsymbol{B}_J=\begin{bmatrix}0 & -2\\-0.3 & 1\end{bmatrix}$.

方程组的 Gauss-Seidel 迭代公式为

$$\begin{cases}x_1^{(k+1)}=-2x_2^{(k)}+1\\x_2^{(k+1)}=-0.3x_1^{(k+1)}+2=-0.3(-2x_2^{(k)}+1)+2\end{cases}$$

迭代矩阵 $\boldsymbol{B}_G=\begin{bmatrix}0 & -2\\0 & 0.6\end{bmatrix}$.

由

$$|\lambda\boldsymbol{I}-\boldsymbol{B}_J|=\begin{vmatrix}\lambda & 2\\0.3 & \lambda\end{vmatrix}=\lambda^2-0.6=0$$

可得 $\boldsymbol{B}_J$ 的特征根 $\lambda=\pm\sqrt{0.6}$, $\rho(\boldsymbol{B}_J)=\sqrt{0.6}<1$,因此 Jacobi 迭代法收敛.

再由

$$|\lambda\boldsymbol{I}-\boldsymbol{B}_G|=\begin{vmatrix}\lambda & 2\\0 & \lambda-0.6\end{vmatrix}=\lambda(\lambda-0.6)=0$$

可得 $\boldsymbol{B}_G$ 的特征根 $\lambda_1=0,\lambda_2=0.6$, $\rho(\boldsymbol{B}_G)=0.6<1$,因此 Gauss-Seidel 迭代法也收敛.

定理 4-6 不但能判别收敛,也能判别不收敛的情况.然而,矩阵阶数较大时 $\rho(\boldsymbol{B})$ 的计算比较复杂,所以此定理在理论上的意义大于在实用上的意义.由定理 4-4 有 $\rho(\boldsymbol{B})\leqslant\|\boldsymbol{B}\|$,所以当 $\|\boldsymbol{B}\|<1$ 时,必有 $\rho(\boldsymbol{B})<1$,于是得到定理 4-7.

定理 4-7 (迭代法收敛的充分条件)如果迭代法 $\boldsymbol{x}^{(k+1)}=\boldsymbol{B}\boldsymbol{x}^{(k)}+\boldsymbol{f}$ 的迭代矩阵 $\boldsymbol{B}$ 的某一种范数 $\|\boldsymbol{B}\|<1$,则

①对任意初始向量 $\boldsymbol{x}^{(0)}$,迭代法都收敛;

②迭代误差满足

$$\|\boldsymbol{x}^{(k)}-\boldsymbol{x}^*\|\leqslant\frac{\|\boldsymbol{B}\|}{1-\|\boldsymbol{B}\|}\|\boldsymbol{x}^{(k)}-\boldsymbol{x}^{(k-1)}\| \tag{4.8}$$

$$\|\boldsymbol{x}^{(k)}-\boldsymbol{x}^*\|\leqslant\frac{\|\boldsymbol{B}\|^k}{1-\|\boldsymbol{B}\|}\|\boldsymbol{x}^{(1)}-\boldsymbol{x}^{(0)}\| \tag{4.9}$$

证明:①由条件 $\rho(\boldsymbol{B})<\|\boldsymbol{B}\|<1$,根据定理 4-6 可知迭代法收敛;

②误差向量满足

$$\begin{aligned}\|\boldsymbol{x}^{(k)}-\boldsymbol{x}^*\|&=\|(\boldsymbol{x}^{(k)}-\boldsymbol{x}^{(k+1)})+(\boldsymbol{x}^{(k+1)}-\boldsymbol{x}^*)\|\\&=\|\boldsymbol{B}(\boldsymbol{x}^{(k-1)}-\boldsymbol{x}^{(k)})+\boldsymbol{B}(\boldsymbol{x}^{(k)}-\boldsymbol{x}^*)\|\\&\leqslant\|\boldsymbol{B}\|\,\|\boldsymbol{x}^{(k)}-\boldsymbol{x}^{(k-1)}\|+\|\boldsymbol{B}\|\,\|\boldsymbol{x}^{(k)}-\boldsymbol{x}^*\|\end{aligned}$$

注意到 $\|\boldsymbol{B}\|<1$，即 $1-\|\boldsymbol{B}\|>0$，可得

$$\|\boldsymbol{x}^{(k)}-\boldsymbol{x}^{*}\|\leqslant\frac{\|\boldsymbol{B}\|}{1-\|\boldsymbol{B}\|}\|\boldsymbol{x}^{(k)}-\boldsymbol{x}^{(k-1)}\|$$

这就证明了式(4.8).

进一步有

$$\boldsymbol{x}^{(k)}-\boldsymbol{x}^{(k-1)}=\boldsymbol{B}(\boldsymbol{x}^{(k-1)}-\boldsymbol{x}^{(k-2)})=\cdots=\boldsymbol{B}^{k-1}(\boldsymbol{x}^{(1)}-\boldsymbol{x}^{(0)})$$

代入式(4.8)便得到式(4.9).

由式(4.9)可知，当相邻两次迭代的误差 $\|\boldsymbol{x}^{(k)}-\boldsymbol{x}^{(k-1)}\|<\varepsilon$ 时，可以认为第 k 次迭代对精确解的误差也不超过 ε(准确说是不超过 $\frac{\|\boldsymbol{B}\|}{1-\|\boldsymbol{B}\|}\varepsilon$). 因此，算法设计中可以利用此不等式作为迭代结束的判别依据，式(4.9)则可用于估计迭代所需的次数. 此定理只能判别收敛的情况，当 $\|\boldsymbol{B}\|\geqslant 1$ 时，不能判定迭代不收敛. 但由于 $\|\boldsymbol{B}\|$，特别是 $\|\boldsymbol{B}\|_2$，$\|\boldsymbol{B}\|_\infty$ 的计算比较容易，也不失为一种判别收敛的方法.

例 4-6 已知方程组

$$\begin{cases}4x_1-2x_2-x_3=0\\-2x_1+4x_2-2x_3=-2\\-x_1-2x_2+3x_3=3\end{cases}$$

讨论 Jacobi 迭代法和 Gauss-Seidel 迭代法的收敛性.

解：方程组的 Jacobi 迭代公式为

$$\begin{cases}x_1^{(k+1)}=\dfrac{2}{4}x_2^{(k)}+\dfrac{1}{4}x_3^{(k)}+0\\[2ex]x_2^{(k+1)}=\dfrac{2}{4}x_1^{(k)}+\dfrac{2}{4}x_3^{(k)}-\dfrac{2}{4}\\[2ex]x_3^{(k+1)}=\dfrac{1}{3}x_1^{(k)}+\dfrac{2}{3}x_2^{(k)}+\dfrac{3}{3}\end{cases}$$

故迭代矩阵

$$\boldsymbol{B}_{\mathrm{J}}=\begin{bmatrix}0&\dfrac{1}{2}&\dfrac{1}{4}\\[2ex]\dfrac{1}{2}&0&\dfrac{1}{2}\\[2ex]\dfrac{1}{3}&\dfrac{2}{3}&0\end{bmatrix}$$

用定理 4-7 无法判断，现计算 $\rho(\boldsymbol{B}_{\mathrm{J}})$：

$$|\lambda\boldsymbol{I}-\boldsymbol{B}_{\mathrm{J}}|=\begin{vmatrix}\lambda&-\dfrac{1}{2}&-\dfrac{1}{4}\\[2ex]-\dfrac{1}{2}&\lambda&-\dfrac{1}{2}\\[2ex]-\dfrac{1}{3}&-\dfrac{2}{3}&\lambda\end{vmatrix}=\lambda^3-\frac{2}{3}\lambda-\frac{1}{6}=0$$

解之得 $\lambda_1=0.9027$，$\lambda_2=-0.2846$，$\lambda_3=-0.6361$，所以 $\rho(\boldsymbol{B}_{\mathrm{J}})=0.9027<1$，故 Jacobi 迭代法收敛.

Gauss-Seidel 迭代矩阵

$$\boldsymbol{B}_G=(\boldsymbol{D}-\boldsymbol{L})^{-1}\boldsymbol{U}=\begin{bmatrix}4&0&0\\-2&4&0\\-1&-2&3\end{bmatrix}^{-1}\begin{bmatrix}0&-2&-1\\0&0&-1\\0&0&0\end{bmatrix}=\begin{bmatrix}0&\frac{1}{2}&\frac{1}{4}\\0&\frac{1}{4}&\frac{5}{8}\\0&\frac{1}{3}&\frac{1}{2}\end{bmatrix}$$

$\|\boldsymbol{B}\|_\infty=\frac{7}{8}<1$，故 Gauss-Seidel 迭代法收敛.

以上讨论的收敛条件都是从迭代矩阵 $\boldsymbol{B}$ 出发，讨论前必须先算出 $\boldsymbol{B}$ 矩阵，而 $\boldsymbol{B}$ 是由系数矩阵 $\boldsymbol{A}$ 通过一定的方法产生出来的，是由 $\boldsymbol{A}$ 完全确定的. 这就提出了一个问题：能否直接由系数矩阵 $\boldsymbol{A}$ 的性态讨论使用迭代法是否收敛？

定义 4-8 若 $\boldsymbol{A}=(a_{ij})\in\mathbf{R}^{n\times n}$ 满足

$$|a_{ii}|>\sum_{\substack{j=1\\j\neq i}}^{n}|a_{ij}|,i=1,2,\cdots,n$$

则称 $\boldsymbol{A}$ 为严格对角占优矩阵(strictly diagonally dominant matrix).

定理 4-8 若 $\boldsymbol{A}=(a_{ij})\in\mathbf{R}^{n\times n}$ 为严格对角占优矩阵，则 $a_{ii}\neq0(i=1,2,\cdots,n)$，且 $\boldsymbol{A}$ 非奇异.

证明：假定 $\boldsymbol{A}=(a_{ij})\in\mathbf{R}^{n\times n}$ 是严格对角占优矩阵，则

$$|a_{ii}|>\sum_{\substack{j=1\\j\neq i}}^{n}|a_{ij}|\geqslant0,i=1,2,\cdots,n$$

故有 $a_{ii}\neq0(i=1,2,\cdots,n)$.

再用反证法证明 $\boldsymbol{A}$ 非奇异，若 $\boldsymbol{A}$ 奇异，则存在 $\boldsymbol{x}\in\mathbf{R}^n,\boldsymbol{x}\neq\boldsymbol{0}$ 使 $\boldsymbol{Ax}=\boldsymbol{0}$.

记 $|x_k|=\max\limits_{1\leqslant i\leqslant n}|x_i|\neq\boldsymbol{0}$，于是 $\boldsymbol{Ax}=\boldsymbol{0}$ 中第 k 个方程可化为

$$a_{kk}x_k=-\sum_{\substack{j=1\\j\neq k}}^{n}a_{kj}x_j$$

从而有

$$|a_{kk}|\leqslant\sum_{j\neq k}|a_{kj}|\frac{|x_j|}{|x_k|}\leqslant\sum_{j\neq k}|a_{kj}|$$

与 $\boldsymbol{A}$ 严格对角占优矛盾，故 $\boldsymbol{A}$ 非奇异.

以下两个定理给出了判别 Jacobi 迭代和 Gauss-Seidel 迭代收敛的简便方法.

定理 4-9 设 $\boldsymbol{A}=(a_{ij})\in\mathbf{R}^{n\times n}$ 为严格对角占优矩阵，则解方程组 $\boldsymbol{Ax}=\boldsymbol{b}$ 的 Jacobi 迭代法及 Gauss-Seidel 迭代法均收敛.

例 4-7 就例 4-3 中的系数矩阵 $\boldsymbol{A}$ 判断迭代法的收敛性：

$$\boldsymbol{A}=\begin{bmatrix}10&-1&2\\-1&11&-1\\2&-1&10\end{bmatrix}$$

解:显然 $\boldsymbol{A}$ 为严格对角占优矩阵,根据定理 4-9 知该方程组的 Jacobi 迭代法及 Gauss-Seidel 迭代法均收敛.

定理 4-10　设 $\boldsymbol{A}=(a_{ij})\in\mathbf{R}^{n\times n}$ 为对称正定矩阵,则解方程组 $\boldsymbol{Ax}=\boldsymbol{b}$ 的 Gauss-Seidel 迭代法收敛.

注意:$\boldsymbol{A}$ 为对称正定矩阵时,解方程组 $\boldsymbol{Ax}=\boldsymbol{b}$ 的 Jacobi 迭代法并不一定收敛.

定理 4-11　设 $\boldsymbol{A}=(a_{ij})\in\mathbf{R}^{n\times n}$ 为对称矩阵,且 $a_{ii}>0(i=1,2,\cdots,n)$,当 $\boldsymbol{A}$ 和 $2\boldsymbol{D}-\boldsymbol{A}$ 均为正定矩阵时,则解方程组 $\boldsymbol{Ax}=\boldsymbol{b}$ 的 Jacobi 迭代法收敛.

4.5　逐次超松弛迭代法

逐次超松弛迭代法(successive over relaxation method,SOR 方法)是 Gauss-Seidel 方法的一种加速方法,是求解大型稀疏矩阵方程组的有效方法之一,它具有计算公式简单、占用计算机内存少等优点,但需要选择好的加速因子(即最佳松弛因子).

设已知第 k 次迭代向量 $\boldsymbol{x}^{(k)}$ 及第 $k+1$ 次迭代向量 $\boldsymbol{x}^{(k+1)}$ 的分量 $x_j^{(k+1)}(j=1,2,\cdots,i-1)$,要求计算 $x_i^{(k+1)}$.

首先,用 Gauss-Seidel 迭代法计算辅助量

$$\tilde{x}_i^{(k+1)}=\frac{1}{a_{ii}}\left(-\sum_{j=1}^{i-1}a_{ij}x_j^{(k+1)}-\sum_{j=i+1}^{n}a_{ij}x_j^{(k)}+b_i\right)\tag{4.10}$$

再把 $x_i^{(k+1)}$ 取为 $x_i^{(k)}$ 与 $\tilde{x}_i^{(k+1)}$ 的加权平均,即

$$x_i^{(k+1)}=(1-\omega)x_i^{(k)}+\omega\tilde{x}_i^{(k+1)}=x_i^{(k)}+\omega(\tilde{x}_i^{(k+1)}-x_i^{(k)})$$

将 $\tilde{x}_i^{(k+1)}$ 的表达式(4.10)代入,得

$$x_i^{(k+1)}=x_i^{(k)}+\frac{\omega}{a_{ii}}\left(-\sum_{j=1}^{i-1}a_{ij}x_j^{(k+1)}-\sum_{j=i}^{n}a_{ij}x_j^{(k)}+b_i\right)\tag{4.11}$$

此公式称为 SOR 方法,其中 ω 称为松弛因子(relaxation factor).

类似于 Jacobi 迭代法和 Gauss-Seidel 迭代法的推导,由分解式 $\boldsymbol{A}=\boldsymbol{D}-\boldsymbol{L}-\boldsymbol{U}$,式(4.11)可写成

$$x_i^{(k+1)}=(1-\omega)x_i^{(k)}+\frac{\omega}{a_{ii}}\left(-\sum_{j=1}^{i-1}a_{ij}x_j^{(k+1)}-\sum_{j=i}^{n}a_{ij}x_j^{(k)}+b_i\right)$$

从而有

$$\boldsymbol{x}^{(k+1)}=(1-\omega)\boldsymbol{x}^{(k)}+\omega\boldsymbol{D}^{-1}(\boldsymbol{Lx}^{(k+1)}+\boldsymbol{Ux}^{(k)}+\boldsymbol{b})$$

等式两边同乘 $\boldsymbol{D}$,可得

$$\boldsymbol{Dx}^{(k+1)}=(1-\omega)\boldsymbol{Dx}^{(k)}+\omega\boldsymbol{Lx}^{(k+1)}+\omega\boldsymbol{Ux}^{(k)}+\omega\boldsymbol{b}$$

进一步整理可得

$$\boldsymbol{Dx}^{(k+1)}-\omega\boldsymbol{Lx}^{(k+1)}=(1-\omega)\boldsymbol{Dx}^{(k)}+\omega\boldsymbol{Ux}^{(k)}+\omega\boldsymbol{b}$$

等式两边同乘 $(\boldsymbol{D}-\omega\boldsymbol{L})^{-1}$,可得

$$\boldsymbol{x}^{(k+1)}=(\boldsymbol{D}-\omega\boldsymbol{L})^{-1}[(1-\omega)\boldsymbol{D}+\omega\boldsymbol{U}]\boldsymbol{x}^{(k)}+\omega(\boldsymbol{D}-\omega\boldsymbol{L})^{-1}\boldsymbol{b}$$

于是可导出 SOR 方法的矩阵形式

$$\boldsymbol{x}^{(k+1)}=\boldsymbol{B}_\omega\boldsymbol{x}^{(k)}+\boldsymbol{f}_\omega,k=0,1,\cdots\tag{4.12}$$

式中，$\boldsymbol{B}_\omega=(\boldsymbol{D}-\omega\boldsymbol{L})^{-1}[(1-\omega)\boldsymbol{D}+\omega\boldsymbol{U}]$；$\boldsymbol{f}_\omega=\omega(\boldsymbol{D}-\omega\boldsymbol{L})^{-1}\boldsymbol{b}$.

显然，当 $\omega=1$ 时，SOR 方法就是 Gauss-Seidel 迭代法；当 $\omega<1$ 时，SOR 方法又称为低松弛法；当 $\omega>1$ 时，称为超松弛法.

以下给出 SOR 迭代法求解线性方程组的算法：

SOR.m 文件

```
function[x,k]=SOR(A,b,omega,x0,tol,max_iter)
%A:系数矩阵
%b:常数向量
%x0:初始解向量
%omega:松弛因子(0<omega<2)
%tol:收敛精度,用于判断迭代是否收敛
%max_iter:最大迭代次数
if nargin<6,max_iter=1000;end
if nargin<5,tol=1e-3;end
if nargin<4,x0=zeros(size(b));end
n=length(b);%方程组的数量
x=x0;%初始化解向量
for k=1:max_iter
    x_old=x;%保存上一次的解向量
    for i=1:n
        %计算x的新值,使用已经更新过的x值
        sum=0;
        for j=1:i-1
            sum=sum+A(i,j)*x(j);
        end
        for j=i+1:n
            sum=sum+A(i,j)*x_old(j);
        end
      x(i)=(1-omega)*x_old(i)+(omega/A(i,i))*(b(i)-sum);
    end
    %检查收敛性
    if norm(x-x_old,inf)/norm(x,inf)<tol
        break;
    end
end
if  k==max_iter
    waring('SOR迭代未能在指定次数内收敛！');
end
end
```

例 4-8 用 SOR 方法解方程组

$$\begin{bmatrix}-4 & 1 & 1 & 1\\ 1 & -4 & 1 & 1\\ 1 & 1 & -4 & 1\\ 1 & 1 & 1 & -4\end{bmatrix}\begin{bmatrix}x_1\\ x_2\\ x_3\\ x_4\end{bmatrix}=\begin{bmatrix}1\\ 1\\ 1\\ 1\end{bmatrix}$$

解:方程组的精确解为 $\boldsymbol{x}^*=(-1,-1,-1,-1)^{\mathrm{T}}$.

取 $\boldsymbol{x}^{(0)}=(0,0,0,0)^{\mathrm{T}}$,SOR 迭代公式为

$$\begin{cases}x_1^{(k+1)}=x_1^{(k)}-\omega(4x_1^{(k)}-x_2^{(k)}-x_3^{(k)}-x_4^{(k)}+1)/4\\ x_2^{(k+1)}=x_2^{(k)}-\omega(-x_1^{(k+1)}+4x_2^{(k)}-x_3^{(k)}-x_4^{(k)}+1)/4\\ x_3^{(k+1)}=x_3^{(k)}-\omega(-x_1^{(k+1)}-x_2^{(k+1)}+4x_3^{(k)}-x_4^{(k)}+1)/4\\ x_4^{(k+1)}=x_4^{(k)}-\omega(-x_1^{(k+1)}-x_2^{(k+1)}-x_3^{(k+1)}+4x_4^{(k)}+1)/4\end{cases}$$

取 $\omega=1.3$,根据以下条件

$$\frac{\|\boldsymbol{x}^{(k+1)}-\boldsymbol{x}^{(k)}\|_\infty}{\|\boldsymbol{x}^{(k+1)}\|_\infty}<10^{-3} \tag{4.13}$$

第 7 次迭代结果为

$$\boldsymbol{x}^{(7)}=(-0.9999,-1.0001,-0.9999,-1.0000)^{\mathrm{T}}$$

对 ω 的其他取值,满足精度误差式(4.13)的迭代次数如表 4.3 所列. 容易看到,当松弛因子选择得好时算法所需迭代次数大大减少.

表 4.3　不同 ω 下的迭代次数

ω	1.0	1.1	1.2	1.3	1.4	1.5	1.6	1.7	1.8	1.9
迭代次数	13	11	8	7	9	12	14	19	32	67

将迭代法收敛理论应用到式(4.12)可得以下定理.

定理 4-12　设线性方程组 $\boldsymbol{Ax}=\boldsymbol{b}$ 满足,且 $a_{ii}\neq 0(i=1,2,\cdots,n)$,则解方程组的 SOR 方法收敛的充要条件是

$$\rho(\boldsymbol{B}_\omega)<1$$

引进超松弛迭代法的想法是希望能选择松弛因子 ω 使得迭代过程式(4.12)收敛速度加快. 以下定理给出了解一般线性方程组的 SOR 算法收敛的必要条件.

定理 4-13　若解方程组 $\boldsymbol{Ax}=\boldsymbol{b}$ 的 SOR 方法收敛,则有 $0<\omega<2$.

证明:设 $\boldsymbol{B}_\omega$ 的特征值为 $\lambda_1,\lambda_2,\cdots,\lambda_n$,又 $\boldsymbol{B}_\omega=(\boldsymbol{D}-\omega\boldsymbol{L})^{-1}[(1-\omega)\boldsymbol{D}+\omega\boldsymbol{U}]$,则

$$\begin{aligned}\det(\boldsymbol{B}_\omega)&=\det[\boldsymbol{D}-\omega\boldsymbol{L})^{-1}]\det[(1-\omega)\boldsymbol{D}+\omega\boldsymbol{U}]\\ &=\det(\boldsymbol{D}^{-1})\det[(1-\omega)\boldsymbol{D}]=(1-\omega)^n\end{aligned}$$

因为 SOR 方法收敛,所以有 $\rho(\boldsymbol{B}_\omega)<1$,

$$|\det(\boldsymbol{B}_\omega)|=|\lambda_1\lambda_2\cdots\lambda_n|\leqslant[\rho(\boldsymbol{B}_\omega)]^n<1$$

所以 $|(1-\omega)^n|<1$,即 $|1-\omega|<1$,故得 $0<\omega<2$.

该定理给出了 SOR 方法收敛的必要条件,它说明只有松弛因子 ω 在区间(0,2)内取值时,SOR 方法才能收敛,下面给出 SOR 方法收敛的充分条件.

定理 4-14　如果 $\boldsymbol{A}$ 为对称正定矩阵,且 $0<\omega<2$,则解方程组 $\boldsymbol{Ax}=\boldsymbol{b}$ 的 SOR 方法收敛.

尽管以上定理给出 SOR 方法收敛性的判断,但却没能给出最佳松弛因子的取法. 事

实上，对于一般的矩阵目前并没有相关的理论可以确定 ω 的最佳取值，在实践中一般取不同的 ω 进行试探性的计算，从中摸索近似的最佳松弛因子.

本章小结

本章首先介绍了向量范数和矩阵范数，并定义了向量序列和矩阵序列的极限，这是讨论迭代法收敛性的理论依据；其次介绍了求解线性方程组的几种经典迭代法，包括 Jacobi 迭代法、Gauss-Seidel 迭代法和超松弛迭代法.

Jacobi 迭代法简单且易于实现. 过去通常认为其计算效率没有 Gauss-Seidel 迭代法高，但 Jacobi 迭代法的运算过程却具有并行性的特点，在引进并行计算技术之后，其计算效率可以和 Gauss-Seidel 迭代法相媲美，因此目前也逐渐受到了重视.

Gauss-Seidel 迭代法的计算过程与 Jacobi 迭代法很相似，但在计算分量时使用了刚刚计算得到的信息，因此可视为 Jacobi 迭代法的一种改进，其收敛速度通常比 Jacobi 迭代法要快. 与 Jacobi 迭代法一样，Gauss-Seidel 迭代法的收敛性也是由迭代矩阵的谱半径的大小所决定，只要谱半径小于 1 就能保证收敛. 但由于谱半径的计算比较困难，因此可以借助矩阵的范数进行收敛性的判定，并能容易地进行误差估计. 而对于一些特殊情形的线性方程组，例如系数矩阵具有严格对角占优性质或是对称正定矩阵等，则可以直接对这两种迭代法的收敛性进行判定.

对于 SOR 方法，由于可以克服 Gauss-Seidel 迭代法在迭代矩阵的谱半径接近于 1 时收敛很慢这一不足，因此可以看作是 Gauss-Seidel 迭代法的一种修正或改进，是目前应用比较广泛的一种迭代方法. SOR 方法在计算过程中引进了一个松弛因子，通过选取松弛因子的大小可以有效地控制迭代的收敛速度，因此松弛因子的取值就成为应用 SOR 方法求解线性方程组的一个非常重要的问题. 在实际计算过程中，通常希望确定最优松弛因子使迭代次数最少，但这是一件非常困难的事情，往往可用尝试的办法确定一个适当的松弛因子进行计算.

本章知识图谱如图 4.1 所示：

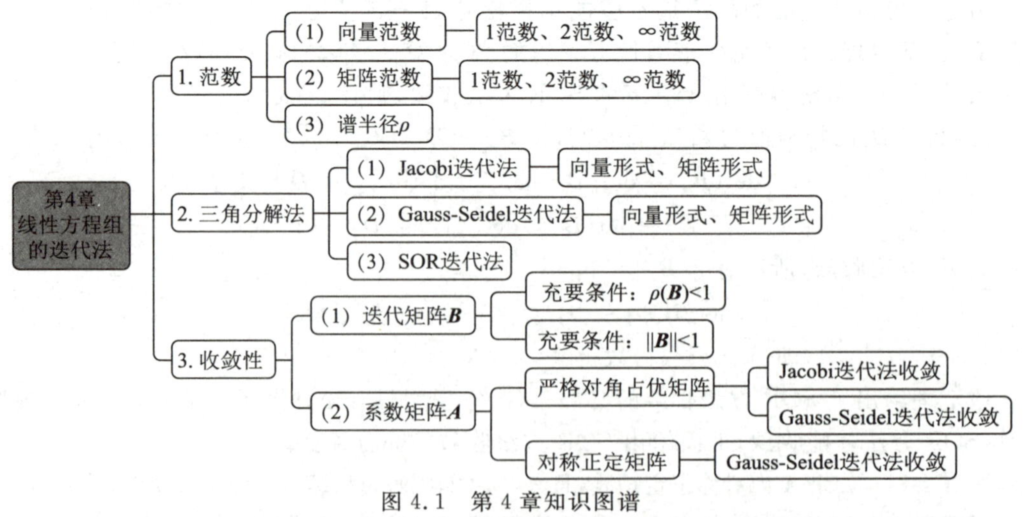

图 4.1　第 4 章知识图谱

习题 4

4.1　已知 $\boldsymbol{x}=\begin{bmatrix}6\\-1\\3\end{bmatrix}$，$\boldsymbol{A}=\begin{bmatrix}2&0&-1\\6&3&2\\0&5&-4\end{bmatrix}$，求 $\|\boldsymbol{x}\|_1$，$\|\boldsymbol{A}\|_\infty$，$\|\boldsymbol{Ax}\|_\infty$.

4.2　求矩阵 $\boldsymbol{A}=\begin{bmatrix}1&2&1&2\\-1&2&-1&2\\-1&-2&1&2\\1&2&-1&2\end{bmatrix}$ 的 $\|\boldsymbol{A}\|_1$，$\|\boldsymbol{A}\|_\infty$，$\|\boldsymbol{A}\|_2$.

4.3　讨论下列线性方程组

$$\begin{bmatrix}11&6&-2\\3&7&-1\\2&-3&8\end{bmatrix}\begin{bmatrix}x_1\\x_2\\x_3\end{bmatrix}=\begin{bmatrix}3\\-5\\1\end{bmatrix}$$

Jacobi 迭代法和 Gauss-Seidel 迭代法的收敛性. 若都收敛，则写出其迭代格式，并比较收敛快慢.

4.4　设有线性方程组

$$\begin{bmatrix}9&2&5\\-3&8&7\\1&6&5\end{bmatrix}\begin{bmatrix}x_1\\x_2\\x_3\end{bmatrix}=\begin{bmatrix}8\\3\\11\end{bmatrix}$$

(1) 分别写出 Jacobi 迭代法和 Gauss-Seidel 迭代法求解时的迭代公式；

(2) 对任意选取的初值，上述两种迭代法是否收敛？为什么？

4.5　若分别用 Jacobi 迭代法和 Gauss-Seidel 迭代法求解线性方程组 $\boldsymbol{Ax}=\boldsymbol{b}$，分析其收敛性，其中

$$\boldsymbol{A}=\begin{bmatrix}7&2&9\\1&-3&5\\-6&2&2\end{bmatrix}$$

4.6　设方程组 $\begin{cases}5x_1+2x_2+x_3=-12\\-x_1+4x_2+2x_3=20,\\2x_1-3x_2+10x_3=3\end{cases}$

(1) 考察用 Jacobi 迭代法，Gauss-Seidel 迭代法和 SOR 方法分别求解此方程组时的收敛性，其中要求松弛因子 $\omega\in(0,2)$；

(2) 用 Jacobi 迭代法及 Gauss-Seidel 迭代法解此方程组，要求当 $\|\boldsymbol{x}^{(k+1)}-\boldsymbol{x}^{(k)}\|_\infty<10^{-4}$ 时迭代终止.

4.7 设方程组$\begin{cases} x_1-\dfrac{1}{2}x_3-\dfrac{1}{4}x_4=\dfrac{1}{3} \\ x_2-\dfrac{1}{2}x_3-\dfrac{1}{4}x_4=\dfrac{1}{3} \\ -\dfrac{1}{2}x_1-\dfrac{1}{4}x_2+x_3=\dfrac{1}{5} \\ -\dfrac{1}{4}x_1-\dfrac{1}{2}x_2+x_4=\dfrac{1}{2} \end{cases}$,

(1) 求解此方程组的雅可比迭代法的迭代矩阵的谱半径；

(2) 求解此方程组的 Gauss-Seidel 迭代法的迭代矩阵的谱半径；

(3) 考察解此方程组的 Jacobi 迭代法及 Gauss-Seidel 迭代法的收敛性.

4.8 设有迭代格式 $\boldsymbol{x}^{(k+1)}=\boldsymbol{B}\boldsymbol{x}^{(k)}+\boldsymbol{f}$, $k=0,1,2,\cdots$,其中

$$\boldsymbol{B}=\begin{bmatrix} 0 & 1 & -\sqrt{2} \\ 1 & 0 & 0.5 \\ \sqrt{2} & 0.5 & 0 \end{bmatrix}, \boldsymbol{f}=\begin{bmatrix} 1 \\ -0.8 \\ 0.3 \end{bmatrix}$$

试证明该迭代格式收敛,若收敛,则取 $\boldsymbol{x}^{(0)}=\begin{bmatrix} 0 \\ 0 \\ 0 \end{bmatrix}$计算求解.

4.9 设线性方程组 $\boldsymbol{Ax}=\boldsymbol{b}$ 的系数矩阵为 $\boldsymbol{A}=\begin{bmatrix} a & 1 & 3 \\ 1 & a & 2 \\ -3 & 2 & a \end{bmatrix}$,试求能使雅可比迭代法收敛的 a 的取值范围.

4.10 证明矩阵 $\boldsymbol{A}=\begin{bmatrix} 1 & a & a \\ a & 1 & a \\ a & a & 1 \end{bmatrix}$对于 $-\dfrac{1}{2}<a<1$ 是正定的,而雅可比迭代只对 $-\dfrac{1}{2}<a<\dfrac{1}{2}$是收敛的.

4.11 用 SOR 迭代法求解方程组$\begin{cases} 4x_1-x_2=1 \\ -x_1+4x_2-x_3=4 \\ -x_2+4x_3=-3 \end{cases}$,要求 $|\boldsymbol{x}^*-\boldsymbol{x}^{(k)}|\leqslant 10^{-6}$ 时迭代终止,并对每一个 ω 值确定迭代次数.(分别取 $\omega=1.03$, $\omega=1.1$)

第 5 章　插值与拟合

许多实际问题，常用函数来表示变量之间的内在关系，而这样的函数表达式往往是未知的或者极其复杂．对于未知函数，只能通过观测或者实验等方式得到一组记录自变量与因变量之间变化规律的数据点列；对于复杂函数，计算定义域范围内的任意点的函数值非常困难，也只能预先给出有限个点上的函数值列表．

将上述问题在一元函数情形下的用数学语言表述一下：设 $y=f(x)$ 是一个表达式未知的或复杂的函数，在定义域 $x\in[a,b]$ 内已知有限个点 $x_i(i=0,1,2,\cdots,n)$ 的函数值 $y_i=f(x_i)$，寻找一个简单函数 $\varphi(x)$ 近似表示 $f(x)$，利用 $\varphi(x)$ 可以方便计算 $f(x)$ 在定义域内任意点的函数近似值．本章将介绍处理上述问题的两种方法：插值和拟合．

5.1　插值问题及基本概念

5.1.1　插值问题

下面先看一个关于太阳高度角和方位角的例子．

例 5-1　设某地区 1 月 21 日某些时刻的太阳高度角和方位角如表 5.1 所示．

表 5.1　太阳高度角和方位角数据

时间	太阳高度角	太阳方位角
9:00	23.99°	130.72°
10:30	34.80°	152.85°
12:00	38.92°	180.00°
13:30	34.80°	152.85°
15:00	23.99°	130.72°

试求当天该地区在 10 点、11 点、13 点和 14 点的太阳高度角和方位角．

其实，太阳高度角和方位角的计算公式为

$$\begin{cases}\sin\alpha_t=\cos\delta\cos\varphi\cos\omega+\sin\delta\sin\varphi & \alpha_t\in[0°,90°]\\ \cos\gamma_t=\dfrac{\sin\delta-\sin\alpha_t\sin\varphi}{\cos\alpha_t\cos\varphi} & \gamma_t\in[0°,360°]\end{cases}$$

式中，α_t 为太阳高度角；γ_t 为太阳方位角；φ 为当地纬度，以北为正；ω 为太阳时角；δ 为太阳赤纬角．

$$\omega=\frac{\pi}{12}(t-12)$$

$$\sin\delta=\sin\frac{2\pi D}{365}\sin\left(\frac{2\pi}{365}23.45\right)$$

式中,t 为当地时间;D 为以春分作为第 0 天起算的天数.

由上述计算公式可知,若要求出某地区的太阳高度角和方位角,需要已知某地区的经纬度、日期及时间等信息,且要用 MATLAB 等数学软件来计算才比较合适. 例 5-1 中某地区的经纬度未知,因此上述公式就无能为力了.

事实上,若可以利用已知时间点的太阳高度角和方位角数据,构造两个简单函数 $\alpha=\alpha(t)$,$\gamma=\gamma(t)$分别表示太阳高度角和方位角与时间的关系,就可以近似计算任意时间点的太阳高度角和方位角. 若要求构造的简单函数经过给定的数据点,则构造出来的函数称为插值函数.

下面给出插值函数的一般定义.

定义 5-1 函数 $y=f(x)$在区间$[a,b]$上有函数值 $y_i=f(x_i)$,$i=0,1,2,\cdots,n$,其中 $x_0,x_1,x_2,\cdots,x_n$是区间$[a,b]$上的互异点,构造一个简单的函数 $\varphi(x)$作为 $f(x)$的近似表达式,使满足

$$\varphi(x_i)=y_i(i=0,1,\cdots,n) \tag{5.1}$$

则称 $\varphi(x)$为 $f(x)$的插值函数,这种方法称为插值法. $f(x)$称为被插函数,$x_0,x_1,x_2,\cdots,x_n$称为插值节点,$[a,b]$称为插值区间,式(5.1)称为插值条件.

5.1.2 插值多项式及其唯一性

代数多项式函数往往是插值函数的首选,因为其解析性好,计算简单,且可由计算机执行.

定义 5-2 设已知函数 $y=f(x)$在$[a,b]$上 $n+1$ 个互异节点 $a\leqslant x_0<x_1<\cdots<x_n\leqslant b$ 上的函数值 $y_0,y_1,\cdots,y_n$,若存在一个次数不超过 n 次的代数多项式满足插值条件

$$P_n(x_i)=y_i(i=0,1,2,\cdots,n) \tag{5.2}$$

则称 $P_n(x)$为 $f(x)$的 n 次插值多项式.

下面定理明确了这样的 n 次插值多项式存在且唯一.

定理 5-1 给定 $n+1$ 个互异节点 $x_i(i=0,1,2,\cdots,n)$及对应的函数值 $y_0,y_1,\cdots,y_n$,满足式(5.2)的 n 次代数多项式 $P_n(x)$存在且唯一.

证明:设

$$P_n(x)=a_0+a_1x+a_2x^2+\cdots+a_nx^n$$

是一个次数不超过 n 次的代数多项式,且满足式(5.2),则待定系数 $a_0,a_1,\cdots,a_n$满足下列线性方程组

$$\begin{cases}a_0+a_1x_0+a_2x_0^2+\cdots+a_nx_0^n=y_0\\ a_0+a_1x_1+a_2x_1^2+\cdots+a_nx_1^n=y_1\\ \qquad\vdots\\ a_0+a_1x_n+a_2x_n^2+\cdots+a_nx_n^n=y_n\end{cases} \tag{5.3}$$

其系数行列式为

$$V(x_0,x_1,\cdots,x_n)=\begin{vmatrix}1 & x_0 & x_0^2 & \cdots & x_0^n \\ 1 & x_1 & x_1^2 & \cdots & x_1^n \\ \vdots & \vdots & \vdots & & \vdots \\ 1 & x_n & x_n^2 & \cdots & x_n^n\end{vmatrix}=\prod_{0\leqslant j<i\leqslant n}(x_i-x_j)$$

此行列式称为范德蒙(Vandermonde)行列式，当 $x_i(i=0,1,2,\cdots,n)$为互异节点时，行列式不为 0，故线性方程组有唯一解 $a_0,a_1,\cdots,a_n$，因此 $P_n(x)$存在且唯一.

此定理表明，不论采用哪种方法构造插值多项式，只要满足相同的插值条件，其结果都是互相恒等的.

推论 5-1 设函数 $f(x)$是一个 n 次多项式，在其上选择任意 $n+1$ 个以上的互异节点作次数不超过 n 次的插值多项式 $P(x)$，其结果就是 $f(x)$本身.

由此可知，在直线上取两个点作插值，插值多项式就是这条直线，在二次抛物线上取 3 个点作插值，插值多项式就是这条二次抛物线；在直线上取 3 个点作插值，插值多项式还是这条直线，在二次抛物线上取 4 个点作插值，插值多项式也是这条二次抛物线.

例 5-2 已知函数 $f(x)=56x^3+24x^2+5$，求在互异节点 $x_i=5i(i=1,2,3,4)$处的 3 次插值多项式.

解：$f(x)$是一个 3 次多项式，故在 4 个互异节点 x_i处的 3 次的插值多项式 $P_3(x)$就是 $f(x)$本身，即 $P_3(x)=f(x)=56x^3+24x^2+5$.

5.1.3 插值余项

定义 5-3 若 $P_n(x)$是被插函数 $f(x)$的 n 次插值多项式，则称

$$R_n(x)=f(x)-P_n(x)$$

为插值多项式的插值余项.

定理 5-2 设 $f(x)$在区间$[a,b]$上连续，在(a,b)内有直到 $n+1$ 阶的导数，$x_0,x_1,\cdots,x_n$是区间$[a,b]$上的 $n+1$ 个互异节点，$P_n(x)$是满足插值条件 $P_n(x_i)=f(x_i)(i=0,1,\cdots,n)$的 n 次插值多项式，则插值余项

$$R_n(x)=\frac{f^{(n+1)}(\xi)}{(n+1)!}\prod_{i=0}^{n}(x-x_i) \tag{5.4}$$

式中，$\xi\in(a,b)$.

推论 5-2 若 $f(x)$是次数不超过 n 的多项式，$x_0,x_1,\cdots,x_n$是 $n+1$ 个互异节点，$P_n(x)$是满足插值条件 $P_n(x_i)=f(x_i)(i=0,1,\cdots,n)$的 n 次插值多项式，则插值余项 $R_n(x)=0$.

例 5-3 设 $f(x)=x^4$，用余项定理写出以 $-1,0,1,3$ 为插值节点的 3 次插值多项式 $P_3(x)$.

解：因为

$$R_3(x)=\frac{4!}{4!}(x+1)(x-0)(x-1)(x-3)$$

由 $R_3(x)=f(x)-P_3(x)$ 可知

$$P_3(x)=x^4-x(x+1)(x-1)(x-3)=x^4-(x^3-x)(x-3)$$

所以 3 次插值多项式 $P_3(x)=3x^3+x^2-3x$.

5.1.4　代数多项式插值的几何意义

可以用经过平面上 $n+1$ 个互异节点 $M_i(x_i,y_i)(i=0,1,\cdots,n)$ 的 n 次代数多项式 $P_n(x)$，近似代替曲线 $y=f(x)$.

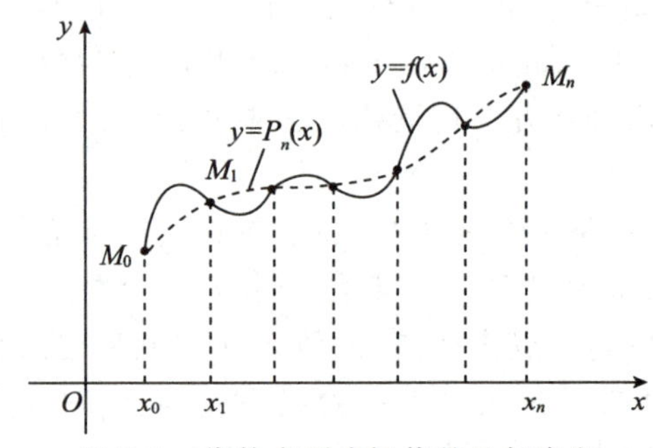

图 5.1　代数多项式插值的几何意义

5.2　Lagrange 插值法

5.2.1　Lagrange 插值多项式

利用式(5.3)求解插值多项式的待定系数，就是求解一个 $n+1$ 阶线性方程组，其计算量很大. 拉格朗日(Lagrange) 提出了一个利用基函数构造插值多项式的方法.

Lagrange 插值法

定义 5-4　若

$$l_k(x)=\prod_{\substack{i=0\\ i\neq k}}^{n}\frac{x-x_i}{x_k-x_i}$$

$$=\frac{(x-x_0)\cdots(x-x_{k-1})(x-x_{k+1})\cdots(x-x_n)}{(x_k-x_0)\cdots(x_k-x_{k-1})(x_k-x_{k+1})\cdots(x_k-x_n)}(k=0,1,\cdots,n)$$

则 $l_k(x)$ 满足

$$\begin{cases}l_k(x_i)=1,(k=i)\\ l_k(x_i)=0,(k\neq i)\end{cases},i,k=0,1,\cdots,n$$

$l_k(x)$ 称为关于节点 $x_k(k=0,1,\cdots,n)$ 的 n 次 Lagrange 基函数.

Lagrange 基函数有如下特点：

①因 Lagrange 基函数定义在节点上，故基函数的个数等于节点个数；

②在 $n+1$ 个节点上的 Lagrange 基函数都是 n 次代数多项式；

③Lagrange 基函数和每一个节点都有关，节点确定，基函数就唯一确定；

④Lagrange 基函数和被插值函数 $f(x)$ 无关；

⑤Lagrange 基函数之和为 1.

定义 5-5　构造多项式

$$P_n(x) = \sum_{k=0}^{n} y_k l_k(x) = y_0 l_0(x) + y_1 l_1(x) + \cdots + y_n l_n(x) \tag{5.5}$$

称之为 n 次 Lagrange 插值多项式.

容易验证 $P_n(x)$ 满足式(5.2). 例如,当 $n=1$ 时,

$$P_1(x) = y_0 \frac{x-x_1}{x_0-x_1} + y_1 \frac{x-x_0}{x_1-x_0}$$

是经过点 (x_0, y_0) 和 (x_1, y_1) 的直线,称为线性插值.

当 $n=2$ 时,

$$P_2(x) = y_0 \frac{(x-x_1)(x-x_2)}{(x_0-x_1)(x_0-x_2)} + y_1 \frac{(x-x_0)(x-x_2)}{(x_1-x_0)(x_1-x_2)} + y_2 \frac{(x-x_0)(x-x_1)}{(x_2-x_0)(x_2-x_1)}$$

是经过点 (x_0, y_0),(x_1, y_1) 和 (x_2, y_2) 的抛物线,称为抛物线插值或二次插值.

例 5-4　证明 $\sum_{k=0}^{n} x_k^j l_k(x) = x^j (j = 0,1,2,\cdots,n)$.

证: 取 $f(x) = x^j (j=0,1,2,\cdots,n)$,$x_k$ 为 $f(x)$ 的插值节点,则 $f(x_k) = x_k^j$. 由于 $j \leqslant n$,所以 $f(x)$ 的 n 次插值多项式 $P_n(x)$ 就是其本身,故

$$f(x) = P_n(x) = \sum_{k=0}^{n} l_k(x) f(x_k)$$

即

$$x^j = \sum_{k=0}^{n} l_k(x) x_k^j$$

当 $j = 0$ 时,有 $\sum_{k=0}^{n} l_k(x) \equiv 1$,故 Lagrange 基函数之和为 1.

5.2.2　Lagrange 插值余项

Lagrange 插值多项式具有结构简明,容易编程实现的特点,其余项仍为式(5.4). 但在进行误差估计时,存在 $f^{(n+1)}(x)$ 表达式不易获取,ξ 在 (a,b) 中的位置无法确定的困难. 若 $f^{(n+1)}(x)$ 在 (a,b) 中存在上界 $M>0$,即对一切 $x \in (a,b)$ 都有 $|f^{(n+1)}(x)| < M$,则由式(5.4)可知

$$|R_n(x)| \leqslant \frac{M}{(n+1)!} \prod_{i=0}^{n} |x - x_i| \tag{5.6}$$

例 5-5　分别以 4,9 和 4,9,1 为插值节点,构造函数 $y=\sqrt{x}$ 的插值多项式,再由此求 $\sqrt{5}$ 的近似值,并估计插值引起的误差.

解: ① 以 4,9 为插值节点的情形:

当 $x_0=4$,$x_1=9$ 时,$y_0=2$,$y_1=3$,代入式(5.5),得

$$P_1(x) = 2 \times \frac{x-9}{4-9} + 3 \times \frac{x-4}{9-4}$$

$$\sqrt{5} = P_1(5) = 2 \times \frac{5-9}{4-9} + 3 \times \frac{5-4}{9-4} = 2.2$$

利用式(5.6)估计误差,当 $x\in(4,9)$时,$|f''(x)|=|(\sqrt{x})''|=|-\frac{1}{4\sqrt{x^3}}|\leqslant\frac{1}{32}$,所以

$$|R_1(5)|=\frac{|f''(\xi)|}{2!}|5-4\|5-9|\leqslant\frac{1}{16}=0.0625$$

② 以 4,9,1 为插值节点的情形:

当 $x_0=4,x_1=9,x_2=1$ 时,$y_0=2,y_1=3,y_2=1$,代入式(5.5),得

$$P_2(x)=2\times\frac{(x-9)(x-1)}{(4-9)(4-1)}+3\times\frac{(x-4)(x-1)}{(9-4)(9-1)}+\frac{(x-4)(x-9)}{(1-4)(1-9)}$$

$$\sqrt{5}=P_2(5)=2\times\frac{(5-9)(5-1)}{(4-9)(4-1)}+3\times\frac{(5-4)(5-1)}{(9-4)(9-1)}+\frac{(5-4)(5-9)}{(1-4)(1-9)}\approx2.2667$$

利用式(5.6)估计误差,当 $x\in(1,9)$时,$|f'''(x)|=|(\sqrt{x})'''|=|-\frac{3}{8\sqrt{x^5}}|\leqslant\frac{3}{8}$,所以

$$|R_2(5)|=\frac{|f'''(\xi)|}{3!}|(5-4)(5-9)(5-1)|\leqslant1$$

由此可知,有时增加插值节点并不能减小插值的误差.

5.2.3 Lagrange 插值的算法及 MATLAB 程序

若要根据 Lagrange 插值多项式计算指定点的近似值,只要将该点代入 Lagrange 插值多项式的构造格式中即可计算,可以编写如下 MATLAB 函数:

Lagrange1.m 文件

```
function[ yy ]=Lagrange1(x,y,xx)
% Lagrange 插值法求解 xx 点处的值 yy
% x 插值节点 x[],是一个横坐标向量
% y 插值点出的函数值,是一个纵坐标向量
% xx 待计算点的坐标,横坐标
% yy 待计算点 xx 的函数近似值 yy,纵坐标

yy=0;   % 赋初值
n=length(x);
if length(x) ~=length(y) % 判断 x,y 向量是否等长
    disp('插值点 x,y 值输入有误.');
    return;
end

for i=1:n
    temp=y(i);
    for j=1:n
        if j~=i
            temp=temp * (xx-x(j))/(x(i)-x(j));
```

```
        end
    end
    yy=yy+temp;
end

end
```

现在回到例 5-1,在 MATLAB 命令窗口输入如下代码:

```
>>x=[9,10.5,12,13.5,15];
>>y1=[23.99,34.80,38.92,34.80,23.99];
>>y2=[130.72,152.85,180.00,152.85,130.72];
>>xx=10;
>>yy1=Lagrange1(x,y1,xx)

yy1=

    31.7742
>>yy2=Lagrange1(x,y2,xx)

yy2=

    138.5686
```

容易得到该地区 10 点时太阳高度角和方位角分别为 31.7742°和 138.5686°.适当改变上述代码,可得 11 点、13 点和 14 点的太阳高度角和方位角.

对于给定的插值节点及其函数值,用上述 MATLAB 函数,可以轻松获得任意指定节点的近似值,但却不能给出 Lagrange 插值多项式的解析式.为了得到该解析式,可以引入 conv 和 poly2sym 函数来改进上述 MATLAB 函数,具体实现如下:

Lagrange2.m 文件

```
function [L,l]=Lagrange2(x,y)
%Lagrange 函数求解 Lagrange 基函数 l,以及拉格朗日多项式 L
%x 插值节点的横坐标
%y 插值节点的函数值,纵坐标
%l 基函数矩阵,每一行存储一个基函数
%L Lagrange 插值多项式
%注意:poly(A)函数返回以 A 为根的多项式,
%conv(u,v)函数是求两个多项式函数的系数矩阵 u,v 的卷积,返回两个多项式乘积的系数矩阵.
%poly2sym(A)函数是返回以系数矩阵 V 的符号多项式.
```

```
m=length(x);
if length(x) ~=length(y) % 判断 x,y 向量是否等长
    L=0;
    l=0;
    disp('插值点 x,y 值输入有误.');
    return;
end

for i=1:m
    V=1;
    for j=1:m
        if i ~=j
            V=conv(V,poly(x(j)))/(x(i)-x(j));
        end
    end
    l(i,:)=poly2sym(V);
end
L=y*l;

end
```

还是以例 5-1 为例,在 MATLAB 命令窗口输入如下代码:

```
>>x=[9,10.5,12,13.5,15];
>>y1=[23.99,34.80,38.92,34.80,23.99];
>>[L,l]=Lagrange1(x,y1)

L=

(31*x^4)/1215-(496*x^3)/405+(54421*x^2)/2700-(29482*x)/225+7401/25

l=

    (2*x^4)/243-(34*x^3)/81+(431*x^2)/54-(1207*x)/18+210
    -(8*x^4)/243+(44*x^3)/27-(808*x^2)/27+(724*x)/3-720
            (4*x^4)/81-(64*x^3)/27+(379*x^2)/9-328*x+945
  -(8*x^4)/243+(124*x^3)/81-(712*x^2)/27+(1796*x)/9-560
    (2*x^4)/243-(10*x^3)/27+(335*x^2)/54-(275*x)/6+126   138.5686
```

其中 L 给出了 Lagrange 插值多项式的解析式;l 给出了在每个插值节点上的 Lagrange 基函数.

5.3　Newton 插值法

从 Lagrange 插值多项式的构造可以看出，若增加插值节点，则所有 Lagrange 基函数都得重新计算，整个插值多项式的结构都会改变. 为了避免这个问题，下面介绍另一种插值多项式的构造方法：Newton 插值法.

Newton
插值法

Newton 插值多项式基于差商构造，因此下面先介绍差商的定义及其性质.

5.3.1　差商定义及其性质

5.3.1.1　差商的定义

差商是函数增量与其自变量的增量的比(商).

定义 5-6　函数 $y=f(x)$在节点 x_i,x_j的一阶差商为

$$f[x_i,x_j]=\frac{f(x_j)-f(x_i)}{x_j-x_i}$$

依此，在节点 x_i,x_j,x_k的二阶差商为

$$f[x_i,x_j,x_k]=\frac{f[x_j,x_k]-f[x_i,x_j]}{x_k-x_i}$$

按照此规律，在节点 $x_0,x_1,\cdots,x_k$的 k 阶差商为

$$f[x_0,x_1,\cdots,x_k]=\frac{f[x_1,x_2,\cdots,x_k]-f[x_0,x_1,\cdots,x_{k-1}]}{x_k-x_0}$$

式中，$f(x)$在节点 x_i处的零阶差商定义为函数值本身，即 $f[x_i]=f(x_i)$.

按照差商定义的递推规律可知，高阶差商是由比它低一阶的两个差商的差商组成，因此可得如下差商表(表 5.2)：

表 5.2　差商表

x_k	零阶差商	一阶差商	二阶差商	三阶差商	…
x_0	$f(x_0)$				
x_1	$f(x_1)$	$f[x_0,x_1]$			
x_2	$f(x_2)$	$f[x_1,x_2]$	$f[x_0,x_1,x_2]$		
x_3	$f(x_3)$	$f[x_2,x_3]$	$f[x_1,x_2,x_3]$	$f[x_0,x_1,x_2,x_3]$	
$\vdots$	$\vdots$	$\vdots$	$\vdots$	$\vdots$	

5.3.1.2　差商的性质

根据差商的定义，利用数学归纳法可以证明差商具有如下性质：

性质 5-1　对任意 $k=0,1,2,\cdots,n$，其 k 阶差商 $f[x_0,x_1,\cdots,x_k]$是函数值 $f(x_0)$，$f(x_1)$，…，$f(x_k)$的线性组合，即

$$f[x_0,x_1,\cdots,x_k]=\sum_{i=0}^{k}\frac{f(x_i)}{(x_i-x_0)\cdots(x_i-x_{i-1})(x_i-x_{i+1})\cdots(x_i-x_k)}$$

例如：$f[x_0,x_1,x_2]=\dfrac{f(x_0)}{(x_0-x_1)(x_0-x_2)}+\dfrac{f(x_1)}{(x_1-x_0)(x_1-x_2)}+\dfrac{f(x_2)}{(x_2-x_0)(x_2-x_1)}$.

性质 5-2 差商具有对称性：$f[x_0,x_1,\cdots,x_k]$与插值节点的顺序无关，即

$$f[x_0,x_1,\cdots,x_k]=f[x_{i_0},x_{i_1},\cdots,x_{i_k}]$$

式中，$i_0,i_1,\cdots,i_k$是 $0,1,\cdots,k$ 的任意一个排列.

例 5-6 设 $f(1)=-1,f(2)=2,f(4)=6$，求 $f(x)$一阶、二阶差商.

解：

$$f[1,2]=\frac{f(2)-f(1)}{2-1}=3$$

$$f[2,4]=\frac{f(4)-f(2)}{4-2}=2$$

$$f[1,2,4]=\frac{f[2,4]-f[1,2]}{4-1}=-\frac{1}{3}$$

由上例，容易验证：$f[1,2,4]=f[2,1,4]=f[4,2,1]$.

5.3.2 Newton 插值多项式

按差商的定义

$$\begin{aligned}f(x)&=f(x_0)+f[x_0,x](x-x_0)\\&=f(x_0)+f[x_0,x_1](x-x_0)+f[x_0,x_1,x](x-x_0)(x-x_1)\\&=f(x_0)+f[x_0,x_1](x-x_0)+f[x_0,x_1,x_2](x-x_0)(x-x_1)+\\&\quad f[x_0,x_1,x_2,x](x-x_0)(x-x_1)(x-x_2)\\&=\cdots\end{aligned}$$

所以

$$\begin{aligned}f(x)=&f(x_0)+f[x_0,x_1](x-x_0)+f[x_0,x_1,x_2](x-x_0)(x-x_1)+\\&\cdots+f[x_0,x_1,\cdots,x_n](x-x_0)(x-x_1)\cdots(x-x_{n-1})+\\&f[x_0,x_1,\cdots,x_n,x](x-x_0)(x-x_1)\cdots(x-x_n)\end{aligned}$$

将上式表示为

$$f(x)=P_n(x)+R_n(x)$$

式中，

$$\begin{aligned}P_n(x)=&f(x_0)+f[x_0,x_1](x-x_0)+f[x_0,x_1,x_2](x-x_0)(x-x_1)+\\&\cdots+f[x_0,x_1,\cdots,x_n](x-x_0)(x-x_1)\cdots(x-x_{n-1})\end{aligned}$$

$$R_n(x)=f[x_0,x_1,\cdots,x_n,x](x-x_0)(x-x_1)\cdots(x-x_n)$$

显然，$P_n(x)$是一个次数不超过 n 次的多项式，且满足插值条件 $P_n(x_i)=f(x_i)(i=0,1,2,\cdots,n)$，所以 $P_n(x)$是 $f(x)$的插值多项式，称为 Newton 插值多项式. 而 $R_n(x)$是其插值余项.

将 Newton 插值余项和 Lagrange 插值余项比较，可得如下定理.

定理 5-3 若 $f(x)$在$[a,b]$上存在 n 阶导数，则由余项表达式可得，n 阶差商与导数有如下关系：

$$f[x_0,x_1,\cdots,x_n]=\frac{f^{(n)}(\xi)}{n!},\xi\in(x_0,x_n)$$

例 5-7 若函数 $f(x)=2x^6+x^4+3x+5$，求 $f[2^0,2^1,\cdots,2^6]$和 $f[2^0,2^1,\cdots,2^7]$.

解：由定理 5-3 可知

$$f[2^0,2^1,\cdots 2^6]=\frac{f^{(6)}(\xi)}{6!}=\frac{2\times 6!}{6!}=2$$

$$f[2^0,2^1,\cdots,2^7]=\frac{f^{(8)}(\xi)}{7!}=\frac{0}{7!}=0$$

在差商表上增补乘积因子，可得表 5.3.

表 5.3 增补乘积因子的差商

x_k	零阶差商	一阶差商	二阶差商	三阶差商	乘积因子
x_0	$f(x_0)$				1
x_1	$f(x_1)$	$f[x_0,x_1]$			$(x-x_0)$
x_2	$f(x_2)$	$f[x_1,x_2]$	$f[x_0,x_1,x_2]$		$(x-x_0)(x-x_1)$
x_3	$f(x_3)$	$f[x_2,x_3]$	$f[x_1,x_2,x_3]$	$f[x_0,x_1,x_2,x_3]$	$(x-x_0)(x-x_1)(x-x_2)$
⋮	⋮	⋮	⋮	⋮	⋮

观察可知，Newton 插值多项式 $P_n(x)$的各项是差商表对角线上的各阶差商值乘以乘积因子. 若增加一个插值节点，Newton 插值多项式只需要增加一项即可.

例 5-8 已知函数 $y=f(x)$的插值节点及其函数值分别为(1，−2)，(0，6)，(2，8)，(−1，2)，求其 3 次 Newton 插值多项式.

解：由插值节点及其函数值，可列出差商表(表 5.4)如下：

表 5.4 差商计算结果

序号	节点	零阶差商	一阶差商	二阶差商	三阶差商
1	1	−2			
2	0	6	−8		
3	2	8	1	9	
4	−1	2	2	−1	5

所以 $f(x)$的 3 次 Newton 插值多项式为

$$P_3(x)=-2+(-8)(x-1)+9(x-1)x+5(x-1)x(x-2)$$

5.3.3 Newton 插值的算法及 MATLAB 程序

根据差商的定义，可知任意 n 阶差商是 $n-1$ 阶差商的差商，由此递推关系，可以设计对应算法，用 MATLAB 编写计算差商表的函数如下：

DiffQuotientTable.m 文件

```
function[ DQ ]=DiffQuotientTable(x,y)
%DiffQuotientTable 求解插值节点(x,y)所对应的差商表
%x 插值节点 x[],是一个横坐标向量
```

```
%y插值点出的函数值,是一个纵坐标向量
%DQ 差商表(Difference Quotient Table)

n=length(y);
DQ=0;
if length(x)~=n %判断 x,y 向量是否等长
    disp('插值点 x,y 值输入有误.');
    return;
end

DQ=zeros(n);
DQ(:,1)=y; %DQ 的第一列赋初值 y,即 0 阶差商
for j=2:n
    for i=j:n
        DQ(i,j)=(DQ(i,j-1)-DQ(i-1,j-1))/(x(i)-x(i-j+1)); %计算各阶差商
    end
end

end
```

Newton 插值多项式是由差商表对角线上的元素乘上对应的乘积因子所得.此外,引入 MATLAB 中一些符号计算函数,可以编写计算 Newton 插值多项式的函数如下:

NewtonInterpl.m 文件

```
function[ P,DQ ]=NewtonInterpl(x,y)
%NewtonInterpl Newton 插值法,先利用插值节点求差商表,再求 Newton 插值多项式
%x 插值节点 x[],是一个横坐标向量
%y 插值点出的函数值,是一个纵坐标向量
%DQ 差商表(Difference Quotient Table)
%P Newton 插值多项式
%注意:poly(A)函数返回以 A 为根的多项式,A 可以是一个向量,
%poly2sym(A)函数是返回以系数矩阵 V 的符号多项式.

m=length(x);
if length(x)~=length(y) %判断 x,y 向量是否等长
    P=0;
    DQ=0;
    disp('插值点 x,y 值输入有误.');
    return;
end
```

```
[ DQ ]=DiffQuotientTable(x,y);
D=diag(DQ)′; % 选取的对角线元素,并转换到行向量
V(1,:)=poly2sym(1);
for i=2:m
    V(i,:)=poly2sym(poly(x(1:i-1))); % 每行存放一个乘积因子
end
P=D * V;

end
```

现在再次回到例 5-1,在 MATLAB 命令窗口输入如下代码:

```
>>x=[9,10.5,12,13.5,15];
>>y1=[23.99,34.80,38.92,34.80,23.99];
>>[ P,DQ ]=NewtonInterp(x,y1)

P=

(31 * x^4)/1215-(496 * x^3)/405+(54421 * x^2)/2700-(29482 * x)/225+7401/25


DQ1=

   23.9900         0         0         0         0
   34.8000    7.2067         0         0         0
   38.9200    2.7467   -1.4867         0         0
   34.8000   -2.7467   -1.8311   -0.0765         0
   23.9900   -7.2067   -1.4867    0.0765    0.0255
```

将 $x=10$ 代入多项式 P,可求得太阳高度角 31.7742°,与 Lagrange 插值函数的计算结果比较后可以发现,两个计算结果完全一样,由此验证了之前的推论.可以利用此计算结果求解例 5-1 中的太阳高度角和方位角,适当修改 NewtonInterpl. m 文件中乘积因子位置,也可求解,读者可以自行尝试.

5.4　Hermite 插值法

前面介绍的 Lagrange 插值和 Newton 插值,只要求插值多项式满足插值条件,即经过这些插值节点,并没有要求插值多项式曲线与被插函数曲线切线的方向一致(即在这些插值节点上具有相同的一阶导数或若干阶导数).

Hermite 插值法

因此,下面构造一类插值多项式(Hermite 插值多项式),既满足经过插值节点的要求,又满足在一些插值节点处一阶导数(或若干阶导数)与被插函数相同.

5.4.1 Hermite 插值多项式

定义 5-7 已知 $y=f(x)$在节点 $x_i(i=0,1,\cdots,n)$上的函数值 $f(x_i)$及导数值$f'(x_i)$,构造次数不超过 $2n+1$ 的多项式 $H_{2n+1}(x)$,使之满足

$$\begin{cases} H_{2n+1}(x_i)=f(x_i) \\ H'_{2n+1}(x_i)=f'(x_i) \end{cases} \quad (i=0,1,\cdots,n) \tag{5.7}$$

称之为埃尔米特(Hermite) 插值多项式.

下面仿照构造 Lagrange 插值多项式的方法,来构造 Hermite 插值多项式.设

$$H_{2n+1}(x)=\sum_{i=0}^{n}[\alpha_i(x)f(x_i)+\beta_i(x)f'(x_i)]$$

式中,$\alpha_i(x)$和 $\beta_i(x)(i=0,1,\cdots,n)$为待定多项式.

按照插值条件(5.7),假设 $\alpha_i(x)$和 $\beta_i(x)$均为次数不超过 $2n+1$ 的多项式,且满足

$$\alpha_j(x_i)=\begin{cases} 0,(j\neq i) \\ 1,(j=i) \end{cases},\alpha'_j(x_i)=0 \quad (i,j=0,1,\cdots,n) \tag{5.8}$$

$$\beta_j(x_i)=0,\beta'_j(x_i)=\begin{cases} 0,(j\neq i) \\ 1,(j=i) \end{cases} \quad (i,j=0,1,\cdots,n) \tag{5.9}$$

由条件(5.8)可知,$x_0,x_1,\cdots,x_{j-1},x_{j+1},\cdots,x_n$均为$\alpha_j(x)$的二重零点,故令

$$\alpha_j(x)=(a_jx+b_j)[l_j(x)]^2$$

式中,a_j和 b_j为待定系数;$l_j(x)$为 Lagrange 基函数.显然 $\alpha_j(x)$为 $2n+1$ 次多项式.

又因为在 $x=x_j$处,$\alpha_j(x)=1,\alpha'_j(x)=0$,故

$$\begin{cases} a_jx_j+b_j=1 \\ a_j+2(a_jx_j+b_j)l'_j(x_j)=0 \end{cases}$$

解得

$$\begin{cases} a_j=-l'_j(x_j) \\ b_j=1+2x_jl'_j(x_j) \end{cases}$$

于是

$$\alpha_j(x)=\{1-2[x-x_jl'_j(x_j)]\}l_j^2(x)$$

由于

$$l_j(x)=\prod_{\substack{k=0\\k\neq j}}^{n}\frac{x-x_k}{x_j-x_k}$$

可得

$$\ln l_j(x)=\sum_{\substack{k=0\\k\neq j}}^{n}\ln\frac{x-x_k}{x_j-x_k}$$

两边同时求导可得

$$\frac{l'_j(x)}{l_j(x)} = \sum_{\substack{k=0\\k\neq j}}^{n} \frac{1}{x-x_k}$$

故

$$l'_j(x_j) = \sum_{\substack{k=0\\k\neq j}}^{n} \frac{1}{x_j-x_k}$$

所以

$$\alpha_j(x) = \left[1-2\left(x-x_j\sum_{\substack{k=0\\k\neq j}}^{n}\frac{1}{x_j-x_k}\right)\right]l_j^2(x)$$

同理，可令

$$\beta_j(x)=(c_jx+d_j)[l_j(x)]^2$$

式中，c_j 和 d_j 为待定系数. 显然 $\beta_j(x)$ 为 $2n+1$ 次多项式.

在 $x=x_j$ 处，$\beta_j(x)=0$，$\beta'_j(x)=1$，故

$$\begin{cases} c_jx_j+d_j=0 \\ c_j+2(c_jx_j+d_j)l'_j(x_j)=1 \end{cases}$$

解得

$$\begin{cases} c_j=1 \\ d_j=-x_j \end{cases}$$

于是

$$\beta_j(x)=(x-x_j)l_j^2(x)$$

所以 Hermite 插值多项式为

$$H_{2n+1}(x) = \sum_{j=0}^{n}\left[1-2\left(x-x_j\sum_{\substack{k=0\\k\neq j}}^{n}\frac{1}{x_j-x_k}\right)\right]l_j^2(x)f(x_j) + \sum_{j=0}^{n}(x-x_j)l_j^2(x)f'(x_j)$$

下面为 Hermite 插值多项式的余项定理.

定理 5-4　若 $f(x)$ 在区间 $[a,b]$ 上存在 $2n+2$ 阶导数，则其插值余项

$$R_{2n+1}(x)=f(x)-H_{2n+1}(x)=\frac{f^{(2n+2)}(\xi)}{(2n+2)!}\omega^2(x)$$

式中，$\xi\in(a,b)$ 且与 x 无关；$\omega(x)=(x-x_0)(x-x_1)\cdots(x-x_n)$.

从 Hermite 插值的定义不难看出，其几何意义是曲线 $y=H_{2n+1}(x)$ 和曲线 $y=f(x)$ 在插值节点处有公切线.

5.4.2　3 次 Hermite 插值

上面已经推导了任意 $n+1$ 个插值节点上的 Hermite 插值多项式公式. 作为例子，考虑当 $n=1$ 的情形，即可求得两个节点的 3 次 Hermite 插值多项式.

例 5-9　求经过两个节点 x_0，x_1 的 3 次 Hermite 插值多项式 $H_3(x)$，即满足插值条件

$$H_3(x_0)=f(x_0),H'_3(x_0)=f'(x_0)$$
$$H_3(x_1)=f(x_1),H'_3(x_1)=f'(x_1)$$

解:由题意得

$$\begin{cases}\alpha_0(x)=\left(1-2\dfrac{x-x_0}{x_0-x_1}\right)\left(\dfrac{x-x_1}{x_0-x_1}\right)^2\\ \alpha_1(x)=\left(1-2\dfrac{x-x_1}{x_1-x_0}\right)\left(\dfrac{x-x_0}{x_1-x_0}\right)^2\end{cases}$$

$$\begin{cases}\beta_0(x)=(x-x_0)\left(\dfrac{x-x_1}{x_0-x_1}\right)^2\\ \beta_1(x)=(x-x_1)\left(\dfrac{x-x_0}{x_1-x_0}\right)^2\end{cases}$$

所以 Hermite 插值多项式为

$$\begin{aligned}H_3(x)&=\alpha_0(x)f(x_0)+\alpha_1(x)f(x_1)+\beta_0(x)f'(x_0)+\beta_1(x)f'(x_1)\\&=\left(1-2\frac{x-x_0}{x_0-x_1}\right)\left(\frac{x-x_1}{x_0-x_1}\right)^2f(x_0)+\left(1-2\frac{x-x_1}{x_1-x_0}\right)\left(\frac{x-x_0}{x_1-x_0}\right)^2f(x_1)+\\&\quad(x-x_0)\left(\frac{x-x_1}{x_0-x_1}\right)^2f'(x_0)+(x-x_1)\left(\frac{x-x_0}{x_1-x_0}\right)^2f'(x_1)\end{aligned}$$

插值余项为

$$R_3(x)=\frac{f^{(4)}(\xi)}{4!}(x-x_0)^2(x-x_1)^2$$

例 5-10 对函数 $f(x)=\ln x$ 给定 $f(1)=0,f(2)=0.693,f'(1)=1,f'(2)=0.5$,用 Hermite 插值计算 $f(1.5)$的近似值并估计误差.

解:将已知条件代入例 5-9 中的 3 次 Hermite 插值 $H_3(x)$中,可得如下结果:

$$\begin{aligned}H_3(x)&=\left(1-2\frac{x-1}{1-2}\right)\left(\frac{x-2}{1-2}\right)^2f(1)+\left(1-2\frac{x-2}{2-1}\right)\left(\frac{x-1}{2-1}\right)^2f(2)+\\&\quad(x-1)\left(\frac{x-2}{1-2}\right)^2f'(1)+(x-2)\left(\frac{x-1}{2-1}\right)^2f'(2)\\&=0.693(x-1)^2+(x-1)(x-2)^2-0.886((x-1)^2(x-2)\end{aligned}$$

所以 $f(1.5)\approx H_3(1.5)\approx0.409$.

下面估计误差,当 $x\in[1,2]$时,$|f^{(4)}(x)|=|3!\ \frac{1}{x^4}|\leqslant6$,所以

$$R_3(1.5)\leqslant\frac{6}{4!}(1.5-1)^2(1.5-2)^2\approx0.0156$$

5.4.3 MATLAB 中的 Hermite 插值函数

MATLAB 提供了求分段 3 次 Hermite 插值多项式的函数 pchip,其格式是

p=pchip(x,v,xq)

它的功能为返回与 xq 中的查询点对应的插值 p 的向量. p 的值由 x 和 y 的分段 3 次 Hermite 插值确定. MATLAB 要求 xq 的取值不能超出 x 中最小数和最大数所限定的区间.

例 5-11 利用分段 3 次 Hermite 插值函数画出 $y=\sqrt{x}$ 的在[0,9]之间的图形.

解：根据题意，可以编写如下程序，保存为一个脚本文件(如 Example5_11.m)：

```
%假设已知数据点
x=[0 1 4 9];      %x 坐标
y=[0 1 2 3];      %y 坐标,这里是根号 x

%需要插值的新 x 坐标
xq=linspace(min(x),max(x),20);      %创建一个 20 个点的等间隔向量,用于插值

%分段 3 次 Hermite 插值
yq=pchip(x,y,xq);      %调用 pchip 函数

%绘图比较
plot(x,y,'o',xq,yq,'-');
legend('原始数据','Hermite 插值','Location','southeast');
```

运行脚本文件可得如下图形(图 5.2)：

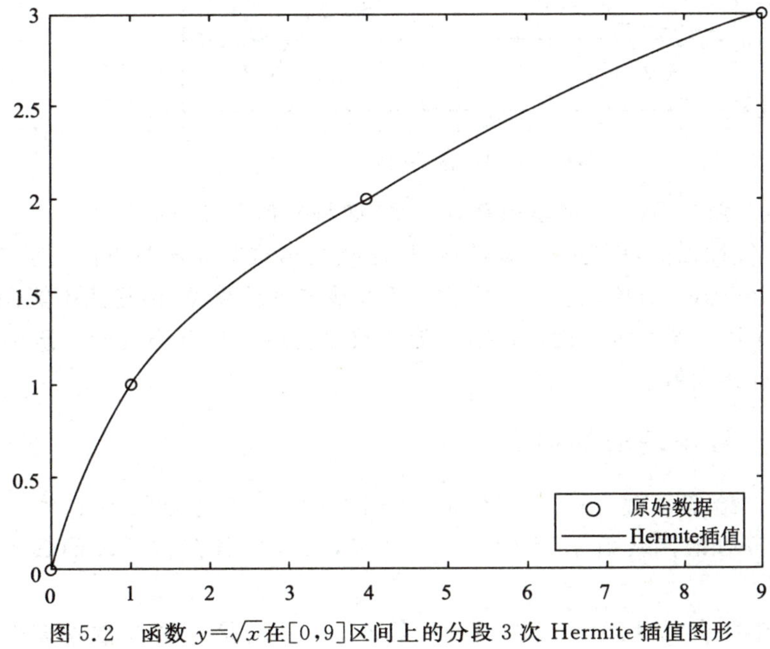

图 5.2　函数 $y=\sqrt{x}$ 在[0,9]区间上的分段 3 次 Hermite 插值图形

5.5　三次样条插值法

5.5.1　多项式插值存在的问题

Lagrange 插值多项式、Newton 插值多项式都有形如

$$R_n(x)=\frac{f^{(n+1)}(\xi)}{(n+1)!}\omega(x)$$

的余项估计式，Hermite 插值也有类似的余项估计式. 似乎当 n 越大，其误差越小，构造出来的插值多项式应该越好. 但实际上并非如此，这是因为对于任意的插值节点，当 $n\to\infty$ 时，插值多项式不一定收敛到 $f(x)$. 20 世纪初龙格(Runge) 就给出了如下例子：

在$[-5,5]$上考察 $f(x)=\dfrac{1}{1+x^2}$的 Lagrange 插值多项式 $L_n(x)$. 取 $x_i=-5+\dfrac{10}{n}i$ $(i=0,1,\cdots,n)$. 如图 5.3 所示，比较 $n=5$ 和 $n=10$ 时的插值，可以发现在端点附近的 10 次插值比 5 次插值更不可靠，这种现象称为 Runge 现象.

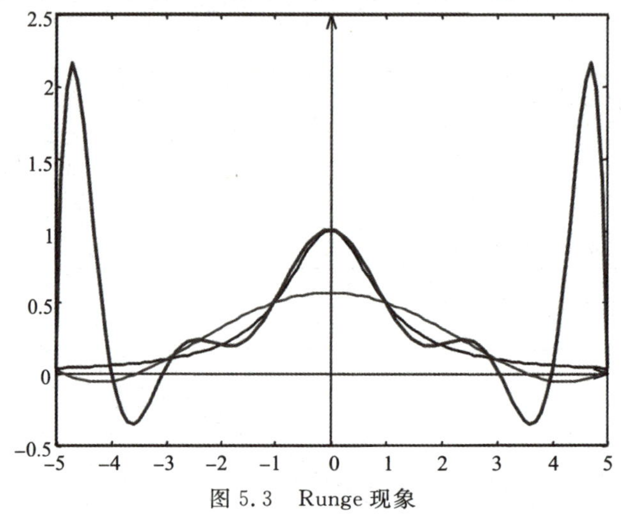

图 5.3 Runge 现象

Runge 现象

分段插值是解决 Runge 现象的有效方法，如将插值节点 $a=x_0<x_1<\cdots<x_n=b$ 从左到右依次作线性插值，称为分段线性插值；若还给出这些插值节点的一阶导数，则可以作 3 次 Hermite 插值. 分段插值在一定程度上减少了插值误差，但显然不能保证在分割点上的光滑性. 下面介绍一种仅由插值节点的函数值构造的具有连续的二阶导数的分段插值，称为三次样条插值.

5.5.2 三次样条插值的概念

三次样条插值法

定义 5-8 给定函数 $f(x)$在区间$[a,b]$上的 $n+1$ 个点 $a=x_0<x_1<\cdots<x_n=b$ 处的函数值 $y_i=f(x_i)(i=0,1,\cdots,n)$，若存在分段函数 $S(x)$满足

①$S(x)$在每个子区间$[x_{i-1},x_i](i=1,2,\cdots,n)$上是一个 3 次的多项式；

②$S(x)$满足插值条件，即 $S(x_i)=y_i(i=0,1,\cdots,n)$；

③$S(x)$在区间$[a,b]$上具有二阶的连续导数；

则称 $S(x)$是 $f(x)$基在$[a,b]$上的三次样条插值函数.

注意：因为 $S(x)$是分段多项式函数，所以条件③等价于 $S(x)$在每个内结点 $x_i(i=1,2,\cdots,n-1)$处具有二阶的连续导数.

三次样条插值与分段 Hermite 插值的根本区别在于 $S(x)$自身光滑，不需要知道 $f(x)$的导数值(除了在两个端点可能需要)；而 Hermite 插值依赖于 $f(x)$在所有插值点的导数值.

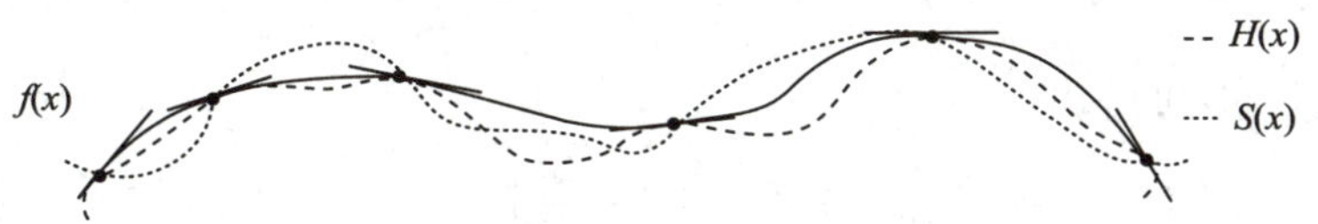

图 5.4 三次样条插值与分段 Hermite 插值的区别

三次样条插值与分段 Hermite 插值的区别

记 $S(x)$ 在子区间 $[x_{i-1},x_i]$ $(i=1,2,\cdots,n)$ 上 3 次的多项为 $S_i(x)$，则由上述定义知，$S(x)$ 满足下列条件：

$$\begin{cases} S_i(x_{i-1})=y_{i-1}, i=1,2,\cdots,n \\ S_i(x_i)=y_i, i=1,2,\cdots,n \\ S'_i(x_i)=S'_{i+1}(x_i), i=1,2,\cdots,n-1 \\ S''_i(x_i)=S''_{i+1}(x_i), i=1,2,\cdots,n-1 \end{cases}$$

该方程组一共有 $4n-2$ 个方程，而 $S(x)$ 共有 $4n$ 个待定系数，因此要唯一确定这些待定系数，还要添加 2 个条件. 根据实际情况，一般常在边界点 $x_0=a$ 和 $x_n=b$ 补充 2 个条件，称为边界条件(boundary conditions).

常用的边界条件有如下几种：

①第 1 型边界条件：已知两端一阶导数值，即

$$S'(x_0)=f'(x_0), S'(x_n)=f'(x_n)$$

②第 2 型边界条件：已知两端二阶导数值，即

$$S''(x_0)=f''(x_0), S''(x_n)=f''(x_n)$$

特别当 $f''(x_0)=f''(x_n)=0$ 时，称为自然边界条件.

③第 3 型边界条件：当 $f(x)$ 是以 x_n-x_0 为周期的周期函数时，则设 $S(x)$ 也是以 x_n-x_0 为周期的周期函数，即

$$S'(x_0)=S'(x_n), S''(x_0)=S''(x_n)$$

此时 $S(x_0)=S(x_n)$ 由 $y_0=y_n$ 给定，这样确定的样条函数 $S(x)$ 称为周期样条函数.

5.5.3 三弯矩法

三弯矩法是以各节点处的弯矩(二阶导数) $M_i=S''(x_i)$ $(i=0,1,\cdots,n)$ 为待定参数的计算方法.

记 $h_i=x_i-x_{i-1}$ $(i=1,2,\cdots,n)$，$S_i(x)$ 为 $S(x)$ 在区间 $[x_{i-1},x_i]$ $(1\leqslant i\leqslant n)$ 上的 3 次多项式，则 $S''_i(x)$ 是一个 1 次多项式.

因为 $S''_i(x_{i-1})=M_{i-1}$，$S''_i(x_i)=M_i$，所以 $S''_i(x)$ 可表示为 Lagrange 插值多项式，则

$$S''_i(x)=M_{i-1}\frac{x-x_i}{-h_i}+M_i\frac{x-x_{i-1}}{h_i}$$

求导可得

$$S'''_i(x)=\frac{M_i-M_{i-1}}{h_i}$$

所以 $S_i(x)$ 在点 $x=x_{i-1}$ 处的 Taylor 展开式为

$$S_i(x)=y_{i-1}+S'_i(x_{i-1})(x-x_{i-1})+\frac{S''_i(x_{i-1})}{2!}(x-x_{i-1})^2+\frac{S'''_i(x_{i-1})}{3!}(x-x_{i-1})^3$$

$$=y_{i-1}+S'_i(x_{i-1})(x-x_{i-1})+\frac{M_{i-1}}{2}(x-x_{i-1})^2+\frac{M_i-M_{i-1}}{6h_i}(x-x_{i-1})^3$$

将条件 $S_i(x_i)=y_i$ 代入上式,可解出

$$S'_i(x_{i-1})=\frac{y_i-y_{i-1}}{h_i}-\frac{2M_{i-1}+M_i}{6}h_i$$

这样可得到

$$S_i(x)=y_{i-1}+\left(\frac{y_i-y_{i-1}}{h_i}-\frac{2M_{i-1}+M_i}{6}h_i\right)(x-x_{i-1})+\frac{M_{i-1}}{2}(x-x_{i-1})^2+\frac{M_i-M_{i-1}}{6h_i}(x-x_{i-1})^3 \tag{5.10}$$

由此可见,只要求出 $n+1$ 个弯矩参数 $M_i(i=0,1,\cdots,n)$,就可以得到 $S(x)$.

对式(5.10)求导,可得

$$S'_i(x)=\left(\frac{y_i-y_{i-}}{h_i}-\frac{2M_{i-1}+M_i}{6}h_i\right)+M_{i-1}(x-x_{i-1})+\frac{M_i-M_{i-1}}{2h_i}(x-x_{i-1})^2 \tag{5.11}$$

由于 $S'_i(x_i)=S'_{i+1}(x_i)$,将上式代入后整理可得

$$\mu_iM_{i-1}+2M_i+\lambda_iM_{i+1}=\frac{6}{h_i+h_{i+1}}\left(\frac{y_{i+1}-y_i}{h_{i+1}}-\frac{y_i-y_{i-1}}{h_i}\right)$$

式中,

$$\lambda_i=\frac{h_{i+1}}{h_i+h_{i+1}};\mu_i=\frac{h_i}{h_i+h_{i+1}}=1-\lambda_i$$

又由于 $h_i+h_{i+1}=(x_i-x_{i-1})+(x_{i+1}-x_i)=x_{i+1}-x_{i-1}$,所以

$$\frac{6}{h_i+h_{i+1}}\left(\frac{y_{i+1}-y_i}{h_{i+1}}-\frac{y_i-y_{i-1}}{h_i}\right)=\frac{6}{x_{i+1}-x_{i-1}}(f[x_i,x_{i+1}]-f[x_{i-1},x_i])$$
$$=6f[x_{i-1},x_i,x_{i+1}]$$

记 $d_i=6f[x_{i-1},x_i,x_{i+1}]$,则

$$\mu_iM_{i-1}+2M_i+\lambda_iM_{i+1}=d_i \tag{5.12}$$

这是一个含有 $n+1$ 个弯矩 $M_i(i=0,1,\cdots,n)$ 却只有 $n-1$ 个方程的方程组,每个方程都有 3 个弯矩,故称为三弯矩方程. 若要唯一确定弯矩 M_i,则至少需要再另外给定两个条件.

若给定第 1 型边界条件:$S'(x_0)=f'(x_0)$,$S'(x_n)=f'(x_n)$.

由式(5.11)可知

$$S'_1(x)=\left(\frac{y_1-y_0}{h_i}-\frac{2M_0+1}{6}h_1\right)+M_0(x-x_0)+\frac{M_1-M_0}{2h_1}(x-x_0)^2$$

$$S'_n(x)=\left(\frac{y_n-y_{n-1}}{h_n}-\frac{2M_{n-1}+M_n}{6}h_n\right)+M_{n-1}(x-x_{n-1})+\frac{M_n-M_{n-1}}{2h_n}(x-x_{n-1})^2$$

当 $x=x_0$ 时,代入 $S'_1(x)$ 可得

$$S'_1(x_0)=f'(x_0)=\frac{y_1-y_0}{h_1}-\frac{2M_0+M_1}{6}h_1$$

即

$$2M_0+M_1=\frac{6}{h_1}\left[\frac{y_1-y_0}{h_1}-f'(x_0)\right]\xlongequal{\text{记为}}d_0 \tag{5.13}$$

当 $x=x_n$ 时，代入 $S'_n(x)$ 可得

$$S'_n(x_n)=f'(x_n)=\left(\frac{y_n-y_{n-1}}{h_n}-\frac{2M_{n-1}+M_n}{6}h_n\right)+M_{n-1}h_n+\frac{M_n-M_{n-1}}{2h_n}h_n^2$$

即

$$M_{n-1}+2M_n=\frac{6}{h_n}\left[f'(x_n)-\frac{y_n-y_{n-1}}{h_n}\right]\xlongequal{\text{记为}}d_n \tag{5.14}$$

结合(5.12)、(5.13)、(5.14)三式可得

$$\begin{bmatrix} 2 & 1 & & & & \\ \mu_1 & 2 & \lambda_1 & & & \\ & \mu_2 & 2 & \lambda_2 & & \\ & & \ddots & \ddots & \ddots & \\ & & & \mu_{n-1} & \ddots & \lambda_{n-1} \\ & & & & 1 & 2 \end{bmatrix}\begin{bmatrix} M_0 \\ M_1 \\ M_2 \\ \vdots \\ M_{n-1} \\ M_n \end{bmatrix}=\begin{bmatrix} d_0 \\ d_1 \\ d_0 \\ \vdots \\ d_{n-1} \\ d_n \end{bmatrix} \tag{5.15}$$

式中，$0<\mu_i,\lambda_i<1$；$\mu_i+\lambda_i=1$. 该矩阵为严格对角占优矩阵，方程组有唯一解，且可用追赶法求解. 将求解结果代入式(5.10)可得在每个区间 $[x_{i-1},x_i]$ $(1\leqslant i\leqslant n)$ 上的 3 次多项式 $S_i(x)$.

例 5-12　已知数据表(表 5.5)

表 5.5　数据表

x	-1	0	1	2
$y=f(x)$	0	0.5	2	1.5

及边界条件 $f'(-1)=0.5$，$f'(2)=-0.5$，确定满足上述条件的三次样条插值函数，并计算 $f(0.5)$ 和 $f(1.5)$.

解： 由 $x_0=-1,x_1=0,x_2=1,x_3=2$ 有

$$h_0=x_1-x_0=1,h_1=x_2-x_1=1,h_2=x_3-x_2=1$$

$$\mu_1=\frac{h_0}{h_0+h_1}=0.5,\mu_2=\frac{h_1}{h_1+h_2}=0.5$$

$$\lambda_1=1-\mu_1=0.5,\lambda_2=1-\mu_2=0.5$$

又因 $y_0=0,y_1=0.5,y_2=2,y_3=1.5$ 有

$$d_1=\frac{6}{h_0+h_1}\left(\frac{y_2-y_1}{h_1}-\frac{y_1-y_0}{h_0}\right)=\frac{6}{2}(1.5-0.5)=3$$

$$d_2=\frac{6}{h_1+h_2}\left(\frac{y_3-y_2}{h_2}-\frac{y_2-y_1}{h_1}\right)=-6$$

又因 $y'_0=f'(-1)=0.5,y'_3=f'(2)=-0.5$，有

$$d_0=\frac{6}{h_0}\left(\frac{y_1-y_0}{h_0}-y'_0\right)=0$$

$$d_3=\frac{6}{h_2}\left(y'_3-\frac{y_3-y_2}{h_3}\right)=0$$

因此由式(5.15)有

$$\begin{bmatrix}2 & 0.5 & & \\ 0.5 & 2 & 0.5 & \\ & 0.5 & 2 & 0.5 \\ & & 0.5 & 2\end{bmatrix}\begin{bmatrix}M_0\\M_1\\M_2\\M_3\end{bmatrix}=\begin{bmatrix}0\\3\\-6\\0\end{bmatrix}$$

用追赶法解得 $M_0=-0.6603, M_1=2.6411, M_2=-3.9043, M_3=0.9761$. 代入式(5.10)可得

$$S(x)=\begin{cases}0.7333(x+1)^3+-0.7333(x+1)^2+0.5(x+1), x\in[-1,0]\\ -1.2x^3+1.4667x^2+1.2333x+0.5, x\in[0,1]\\ 1.0667(x-1)^3+-2.1333(x-1)^2+0.5667(x-1)+2, x\in[1,2]\end{cases}$$

于是有

$$f(0.5)\approx S(0.5)=1.3333, f(1.5)\approx S(1.5)=1.8833$$

5.5.4 MATLAB 中的三次样条函数

MATLAB 中提供了求三次样条插值多项式的函数 spline,其格式是

s=spline(x,y,xq)

它的功能为返回与 xq 中的查询点对应的插值 s 的向量. s 的值由 x 和 y 的三次样条插值确定. MATLAB 要求 xq 的取值不能超出 x 中最小数和最大数所限定的区间.

pp=spline(x,y)

pp 为分段多项式,以结构体形式返回. 将此结构体与 ppval 函数结合使用可计算一个或多个查询点处的插值多项式. 该结构体包含以下字段:

form:'pp'

breaks:$[x_0, x_1, \cdots, x_n]$

coefs:[n×4double]

pieces:n

order:4

dim:1

由于 coefs 中的多项式系数是每个区间的本地系数,因此必须减去对应节区间的较低端点,以使用传统多项式方程中的系数. 换言之,对于区间$[x_1, x_2]$上的系数 $[a,b,c,d]$,对应的多项式为

$$S_1(x)=a(x-x_1)^3+b(x-x_1)^2+c(x-x_1)+d$$

当 y 比 x 的维数多 2 时,y 的首尾两个值就作为两端点处的导数,即返回第 1 型边界条件的三次样条插值.

例 5-13 利用 MATLAB 提供的三次样条插值函数(spline)求例 5-12.

解:根据题意,可以编写如下程序,保存为一个脚本文件(如 Example5_14.m):

```
%输入数据点
x=[-1 0 1 2];          %x坐标
y=[0.5 0 0.5 2 1.5-0.5];        %y坐标,首尾两个值就为两端点处的导数

%三次样条插值
pp=spline(x,y)         %调用 spline 函数

%显示样条插值系数矩阵
pp.coefs

%计算 0.5 和 1.5 处的函数近似值
ppval(pp,0.5)
ppval(pp,1.5)
```

运行脚本文件可得如下结果：

```
pp=

  包含以下字段的 struct:

      form:'pp'
    breaks:[-1 0 1 2]
     coefs:[3×4 double]
    pieces:3
     order:4
       dim:1


ans=

     0.7333    -0.7333    0.5000         0
    -1.2000     1.4667    1.2333    0.5000
     1.0667    -2.1333    0.5667    2.0000

ans=

    1.3333

ans=

    1.8833
```

5.6 最小二乘法

最小二乘法

在生产过程、科学实验和统计分析中，对一组实验数据或观测数据寻找简单近似函数，并不是只有插值唯一一种方法. 事实上，拟合也是一种函数逼近的方法.

曲线拟合和插值法的区别在于实验数据往往本身存在观测误差，曲线若经过每个点则将保留观测误差. 而且当实验数据特别多时，经过每一个点作插值多项式次数将很高，而且失去了实用性. 曲线拟合不要求严格经过每个实验数据点，而是反映这些数据点的总体变化趋势.

最小二乘法是解决曲线拟合的一种有效的、应用广泛的方法.

5.6.1 最小二乘原理

设函数 $y=f(x)$有一组实验数据为

$$(x_i, f(x_i)), i=1,2,\cdots,m$$

要寻找一个简单函数 $y=\varphi(x)$作为 $y=f(x)$的近似函数，使得二者在点 x_i上的误差(或称残差)

$$\delta_i=\varphi(x_i)-f(x_i), i=1,2,\cdots,m$$

在某种度量标准下最小，这就是拟合问题. $y=\varphi(x)$称为这组实验数据的拟合函数，这种构造近似函数的方法称为曲线拟合.

设残差向量 $\boldsymbol{\delta}=[\delta_1,\delta_2,\cdots,\delta_m]^{\mathrm{T}}$，则要求残差 δ_i在某种度量标准下最小，即要求 $\boldsymbol{\delta}$ 的某种范数 $\|\boldsymbol{\delta}\|$ 为最小. 例如要求 $\|\boldsymbol{\delta}\|_1$或 $\|\boldsymbol{\delta}\|_\infty$即

$$\|\boldsymbol{\delta}\|_1=\sum_{i=1}^{m}|\delta_i|=\sum_{i=1}^{m}|\varphi(x_i)-f(x_i)|$$

$$\|\boldsymbol{\delta}\|_\infty=\max|\delta_i|=\max|\varphi(x_i)-f(x_i)|$$

为最小，这些都是很自然的. 但是这两个范数计算不太方便.

通常要求 2-范数

$$\|\boldsymbol{\delta}\|_2=\left(\sum_{i=1}^{m}\delta_i^2\right)^{\frac{1}{2}}=\left(\sum_{i=1}^{m}[\varphi(x_i)-f(x_i)]^2\right)^{\frac{1}{2}}$$

或者

$$\|\boldsymbol{\delta}\|_2^2=\sum_{i=1}^{m}\delta_i^2=\sum_{i=1}^{m}[\varphi(x_i)-f(x_i)]^2$$

为最小. 这种要求误差的平方和最小的拟合称为曲线拟合的最小二乘法. 也就是说，最小二乘法提供了一种数学方法，利用这种方法可以使实验数据在最小平方误差意义下实现最好拟合.

5.6.2 直线拟合的最小二乘法

设一组实验数据$(x_i, y_i), i=1,2,\cdots,m$ 分布大致为一条直线，则可以构造拟合直线

$$y=a+bx$$

式中，a,b 为待定系数. 这条直线不需要经过所有数据点(x_i,y_i)，只要残差平方和(即性能指标函数)

$$J(a,b)=\sum_{i=1}^{m}[a+bx_i-y_i]^2$$

为最小. 这就是在最小二乘原理下的直线拟合.

现在 $J(a,b)$ 对 a,b 都可导，由于 $J(a,b)\geqslant 0$，所以必有最小值，且最小值在

$$\frac{\partial J}{\partial a}=\frac{\partial J}{\partial b}=0$$

时取得，即

$$\begin{cases}\sum_{i=1}^{m}(a+bx_i-y_i)=0\\ \sum_{i=1}^{m}x_i(a+bx_i-y_i)=0\end{cases}$$

或改写成如下正则方程组

$$\begin{bmatrix}\sum_{i=1}^{m}1 & \sum_{i=1}^{m}x_i\\ \sum_{i=1}^{m}x_i & \sum_{i=1}^{m}x_i^2\end{bmatrix}\begin{bmatrix}a\\ b\end{bmatrix}=\begin{bmatrix}\sum_{i=1}^{m}y_i\\ \sum_{i=1}^{m}x_iy_i\end{bmatrix} \tag{5.16}$$

显然，根据该方程组可唯一确定 a,b 的值，即可唯一确定拟合直线 $y=a+bx$.

例 5-14　已知实验数据(表 5.6)

表 5.6　实验数据

x_i	0.0	0.2	0.4	0.6	0.8
y_i	0.9	1.9	2.8	3.3	4.2

用最小二乘法求拟合直线 $y=a+bx$.

解:把表中所有数据画在直角坐标系中，可以看出，数据点的分布可以用一条直线来近似地表述，所以设所求的拟合直线为 $y=a+bx$，则由式(5.16)可知正则方程组为

$$\begin{bmatrix}5 & 2\\ 2 & 1.2\end{bmatrix}\begin{bmatrix}a\\ b\end{bmatrix}=\begin{bmatrix}13.1\\ 6.84\end{bmatrix}$$

求解得 $a=1.02,b=4$，于是有拟合直线

$$y=1.02+4x$$

在许多实际问题中，变量之间的内在关系不一定是线性关系，但可以把拟合直线

$$y=a+bx$$

中的 x 和 y 看成是其他变量的函数，例如，

$$f(y)=a+bg(x)$$

令$\hat{x}=g(x),\hat{y}=f(y)$，则有

$$\hat{y}=a+b\hat{x}$$

表 5.7 给出了一些常用的可变为线性模型的最小二乘拟合函数.

表 5.7　可变为线性模型的最小二乘拟合函数

可线性化函数	转化关系	线性化拟合函数
$\frac{1}{y}=a+\frac{b}{x}$	$\bar{y}=\frac{1}{y},\bar{x}=\frac{1}{x}$	$\bar{y}=a+b\bar{x}$
$y=a+\frac{b}{x}$	$\bar{x}=\frac{1}{x}$	$y=a+b\bar{x}$
$y=ax^b$	$\bar{y}=\ln y,\bar{x}=\ln x$	$\bar{y}=\ln a+b\bar{x}$
$y=ae^{bx}$	$\bar{y}=\ln y$	$\bar{y}=\ln a+bx$
$y=ae^{\frac{b}{x}}$	$\bar{y}=\ln y,\bar{x}=\frac{1}{x}$	$\bar{y}=\ln a+b\bar{x}$
$y=e^{a+bx}$	$\bar{y}=\ln y$	$\bar{y}=a+bx$
$y=a+b\ln x$	$\bar{x}=\ln x$	$y=a+b\bar{x}$
$y=\frac{1}{ax+b}$	$\bar{y}=\frac{1}{y}$	$\bar{y}=a+bx$
$y=\frac{x}{ax+b}$	$\bar{y}=\frac{1}{y},\bar{x}=\frac{1}{x}$	$\bar{y}=a+bx$
$y=\frac{1}{a+be^x}$	$\bar{y}=\frac{1}{y},\bar{x}=e^x$	$\bar{y}=a+b\bar{x}$

例 5-15 的曲线拟合可以转化为直线拟合.

例 5-15　给定一组实验数据(表 5.8)：

表 5.8　实验数据

x_i	1.00	1.25	1.50	1.75	2.00
y_i	5.10	5.79	6.53	7.45	8.46

试用指数曲线 $y=ae^{bx}$ 进行拟合.

解：对 $y=ae^{bx}$ 两端取对数，得

$$\ln y=\ln a+bx$$

并令$\hat{y}=\ln y,\hat{a}=\ln a$，则有

$$\hat{y}=\hat{a}+bx$$

现将数据(x_i,y_i)转化为$(x_i,\hat{y}_i)$，即表 5.9：

表 5.9　转化后的数据

x_i	1.00	1.25	1.50	1.75	2.00
$\bar{y}_i$	1.629	1.756	1.876	2.008	2.135

对上述表格数据作$\hat{y}=\hat{a}+bx$ 的直线拟合，则由式(5.16)可知正则方程组为

$$\begin{bmatrix} 5 & 7.5 \\ 7.5 & 11.875 \end{bmatrix}\begin{bmatrix} \hat{a} \\ b \end{bmatrix}=\begin{bmatrix} 9.404 \\ 14.222 \end{bmatrix}$$

解之得

$$\hat{a}=1.122, b=0.505, a=e^{\hat{a}}=3.071$$

于是最小二乘拟合曲线为

$$y=3.071e^{0.505x}$$

5.6.3　多项式拟合的最小二乘法

对于给定的一组数据$(x_i, y_i)(i=1,2,\cdots,m)$，寻求 n 次多项式

$$y=\sum_{k=0}^{n} a_k x^k$$

式中，$a_k(k=0,1,2,\cdots,n)$为待定系数.要使残差平方和(即性能指标函数)

$$J(a_0, a_1, \cdots, a_n)=\sum_{i=1}^{m}(y_i-\sum_{k=0}^{n} a_k x_i^k)^2$$

为最小.

由于性能指标函数 $J(a_0, a_1, \cdots, a_n)$是关于 a_k 的多元函数，故上述拟合多项式的构造问题可转化为多元函数的极值问题，即令

$$\frac{\partial J}{\partial a_k}=0(k=0,1,2,\cdots,n)$$

从而有正则方程组

$$\begin{bmatrix} \sum_{i=1}^{m} 1 & \sum_{i=1}^{m} x_i & \cdots & \sum_{i=1}^{m} x_i^n \\ \sum_{i=1}^{m} x_i & \sum_{i=1}^{m} x_i^2 & \cdots & \sum_{i=1}^{m} x_i^{n+1} \\ \vdots & \vdots & & \vdots \\ \sum_{i=1}^{m} x_i^n & \sum_{i=1}^{m} x_i^{n+1} & \cdots & \sum_{i=1}^{m} x_i^{2n} \end{bmatrix}\begin{bmatrix} a_0 \\ a_1 \\ \vdots \\ a_n \end{bmatrix}=\begin{bmatrix} \sum_{i=1}^{m} y_i \\ \sum_{i=1}^{m} x_i y_i \\ \vdots \\ \sum_{i=1}^{m} x_i^n y_i \end{bmatrix} \tag{5.17}$$

当 $x_i(i=1,2,\cdots,m)$两两互异时，系数矩阵的行列式非零，故 $a_0, a_1, \cdots, a_n$有唯一解，即 n 次拟合多项式存在且唯一.

特别的，当 $n=1$ 时，即为直线拟合.当 $n=2$ 时，称为二次拟合或抛物线拟合，此时的正则方程组为

$$\begin{bmatrix} \sum_{i=1}^{m} 1 & \sum_{i=1}^{m} x_i & \sum_{i=1}^{m} x_i^2 \\ \sum_{i=1}^{m} x_i & \sum_{i=1}^{m} x_i^2 & \sum_{i=1}^{m} x_i^3 \\ \sum_{i=1}^{m} x_i^2 & \sum_{i=1}^{m} x_i^4 & \sum_{i=1}^{m} x_i^4 \end{bmatrix}\begin{bmatrix} a_0 \\ a_1 \\ a_2 \end{bmatrix}=\begin{bmatrix} \sum_{i=1}^{m} y_i \\ \sum_{i=1}^{m} x_i y_i \\ \sum_{i=1}^{m} x_i^2 y_i \end{bmatrix} \tag{5.18}$$

例 5-16 给定函数 $y=f(x)$的实例数据表(表 5.10):

表 5.10 实验数据

x_i	1	2	3	4	6	7	9
y_i	2	3	6	7	5	3	2

试用最小二乘法求二次拟合多项式.

解:设二次拟合多项式为

$$y=a_0+a_1x+a_2x^2$$

则由式(5.17)、式(5.18),经过计算可得正则方程组为

$$\begin{bmatrix} 7 & 32 & 196 \\ 32 & 196 & 1388 \\ 196 & 1388 & 10612 \end{bmatrix}\begin{bmatrix} a_0 \\ a_1 \\ a_2 \end{bmatrix}=\begin{bmatrix} 28 \\ 123 \\ 575 \end{bmatrix}$$

解得

$$a_0=0.0281, a_1=2.4432, a_2=-0.2570$$

所以二次拟合曲线为

$$y=0.0281+2.4432x-0.25704x^2$$

5.6.4 MATLAB 中的多项式拟合函数

MATLAB 中提供了在最小二乘准则下的多项式拟合的函数 polyfit,其格式是

p=polyfit(x,y,n)

[p,S]=polyfit(x,y,n)

[p,S]=polyfit(x,y,n)

它的功能为对于数据集 y,返回阶数为 n 的多项式最佳拟合 p(x)(在最小二乘意义下).p 中的系数按降幂排列,p 的长度为 n+1.S 为一个结构体,可用作 polyval 的输入参数来获取误差估计值.

例 5-17 以例 5-16 中的数据为例,求其直线拟合和抛物线拟合函数.

解:根据题意,可以编写如下程序,保存为一个脚本文件(如 Example5_17.m):

```
%输入数据点
x=[1 2 3 4 6 7 9];     %x坐标
y=[2 3 6 7 5 3 2];     %y坐标

%直线拟合
[p1,S1]=polyfit(x,y,1)

%抛物线拟合
[p2,S2]=polyfit(x,y,2)
```

运行脚本文件可得如下结果:

```
p1=

  -0.1006    4.4598


S1=

  包含以下字段的 struct:

        R:[2×2 double]
      df:5
    normr:4.8474


p2=

  -0.2570    2.4432    0.0281


S2=

  包含以下字段的 struct:

        R:[3×3 double]
      df:4
    normr:2.5801
```

也可以先画出数据点对应的散点图，然后利用 MATLAB 的拟合工具箱，找到直线拟合和抛物线拟合. 读者可以自行尝试.

本章小结

本章主要介绍了用多项式进行函数逼近的两类方法：插值和拟合.

给定一组实验数据点后，插值要求构造的多项式经过这些数据点，可选用结构简单的 Lagrange 插值多项式或具有递推结构的 Newton 插值多项式；若要求插值点处插值多项式具有已知导数值，则可用 Hermite 插值多项式；当插值点较多时，采用高次插值不仅计算量大，而且逼近效果也不一定好，所以常用分段插值的方式，其中工程和设计中用得较多的是三次样条插值，它要求构造的分段三次插值多项式具有二阶连续导数.

拟合不要求构造的多项式经过给定的数据点，其最小二乘原理可以保证在这些数据点处残差的平方和最小.

本章知识图谱如图 5.5 所示：

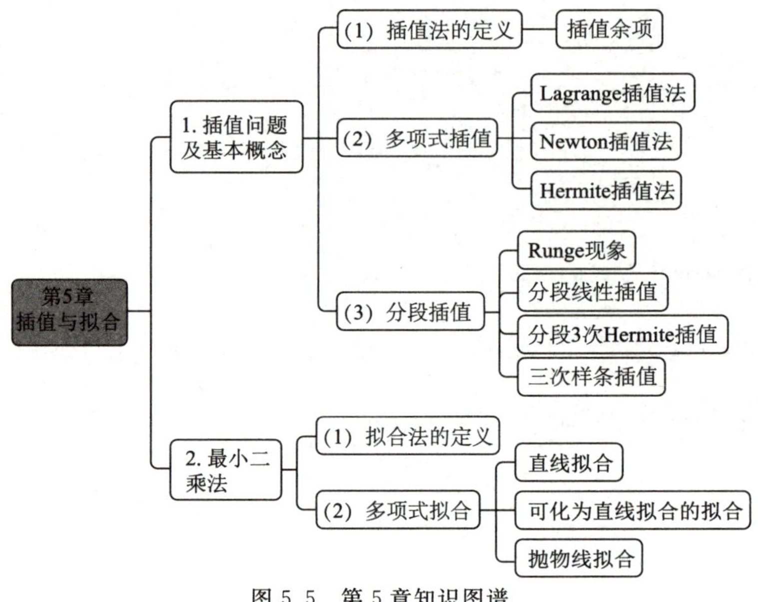

图 5.5　第 5 章知识图谱

习题 5

5.1　水的动力学黏度 $\mu(\times 10^{-3}\mathrm{N\cdot s/m^2})$ 与温度 T(℃)的关系，在有限数据点情况下通过实验测定得出，见表 5.11：

表 5.11　动力学黏度 μ 与温度 T 的关系数据

温度 T/℃	0	5	10	20
动力学黏度 $\mu/(\times 10^{-3}\mathrm{N\cdot s/m^2})$	1.8	1.6	1.3	1.0

请根据上述数据，分别求出 Lagrange 插值多项式和 Newton 插值多项式.

5.2　水面高尔夫球捕捞机器人需要对行驶轨迹提前进行规划，以成功捕捞高尔夫球，表 5.12 为摄像机识别获得的位置信息：

表 5.12　位置信息数据

x/cm	45	75	105	135
y/cm	20	50	95	35

请根据上述数据构造 3 次 Newton 插值多项式，并计算 $N_2(100)$.

5.3　已知 $f(x)=16x^{55}-11x^{23}+2x^2-9$，$x_0,x_1,\cdots,x_{56}$ 是任取的 57 个互异的点，则差商 $f[x_0,x_1,\cdots,x_{55}]$ 和 $f[x_0,x_1,\cdots,x_{56}]$ 分别等于什么值？

5.4　以 80，100，121 为插值节点，分别用 Newton 插值法和 Lagrange 插值法计算 $\sqrt{130}$ 的近似值，并利用余项估计其误差.

5.5　已知 $f(1)=2$，$f(2)=3$，$f(4)=5.9$，则二次 Newton 插值多项式中 x^2 系数

为多少？

5.6　取节点 $x_0=0, x_1=0.5, x_2=1$，求函数 $f(x)=e^{-x}$ 在区间 $[0,1]$ 上的二次插值多项式 $L_2(x)$，并估计误差.

5.7　测得某段铁路直道变弯道中缓和曲线的关键点坐标如表 5.13：

表 5.13　缓和曲线的关键点坐标数据

x 坐标/m	0	60	120	180
y 坐标/m	0	0.45	3.6	12.2

利用 3 次 Newton 插值多项式构造缓和曲线方程.

5.8　已知 $S(x)=\begin{cases} x^3 & 0\leqslant x\leqslant 1 \\ \dfrac{1}{2}(x-1)^3+a(x-1)^2+b(-1)+c & 1\leqslant x\leqslant 3 \end{cases}$ 是三次样条函数，则 a,b,c 分别等于多少？

5.9　表 5.14 是对某合成纤维测试得到的数据记录：

表 5.14　某合成纤维测试数据记录

拉伸倍数 x	1.8	2.0	2.1	2.3	2.5
强度 y	1.3	1.5	1.6	1.7	2.0

该合成纤维的拉伸倍数 x 与强度 y 满足如下关系式 $y=a+bx$，用曲线拟合最小二乘法求 a,b.

5.10　对一组观测数据(表 5.15)：

表 5.15　观测数据

x	19	25	31	38	44
y	19.0	32.3	49.0	73.3	97.8

求其 $y=a+bx^2$ 的多项式拟合.

5.11　$f(x)=|x|$，在 $[-1,1]$ 上求关于 $\Phi=\mathrm{span}\{1,x^2,x^4\}$ 的最佳平方逼近多项式.

第 6 章　数值积分与数值微分

本章研究积分与微分的近似计算问题.

关于积分,我们在高等数学中已经学习了定积分、二重积分、三重积分、曲线积分等. 其中计算定积分$\int_b^a f(x)\mathrm{d}x$,如果 $f(x)$ 的原函数是 $F(x)$,则可以使用牛顿-莱布尼兹公式

$$\int_a^b f(x)\mathrm{d}x = F(x)\mid_a^b = F(b) - F(a)$$

计算定积分的精确值.

但有些定积分的被积函数的原函数不能用初等函数显式表示,以致牛顿-莱布尼兹公式不能用. 如

$$\int_a^b \mathrm{e}^{-x^2}\mathrm{d}x, \int_0^1 \frac{\sin x}{x}\mathrm{d}x, \int_a^b \sin x^2\mathrm{d}x \text{ 等}$$

此外,在实际问题中,被积函数的表达式非常复杂或者并不已知,只是通过观测得到一些离散的数据点,这又该如何计算定积分的近似值呢? 因此,我们有必要寻找定积分数值计算的有效方法.

6.1　插值型求积公式

6.1.1　数值积分的基本思想

由定积分中值定理可知,若 $y=f(x)$在闭区间$[a,b]$内连续,则存在$\xi\in[a,b]$使

$$\int_a^b f(x)\mathrm{d}x = f(\xi)(b-a)$$

插值型求积公式

其几何意义就是$[a,b]$上以 $y=f(x)$为曲边的曲边梯形的面积等于底宽为$b-a$、高为 $f(\xi)$的矩形面积.

若任选 $\xi\in[a,b]$,则 $f(\xi)(b-a)$ 只是$\int_a^b f(x)\mathrm{d}x$ 的近似值. 如

①取 $\xi = a$,可得左矩形公式:$\int_a^b f(x)\mathrm{d}x \approx f(a)(b-a)$;

②取 $\xi=b$，可得右矩形公式：$\int_a^b f(x)\mathrm{d}x \approx f(b)(b-a)$；

③取 $\xi=\frac{a+b}{2}$，可得中矩形公式：$\int_a^b f(x)\mathrm{d}x \approx f\left(\frac{a+b}{2}\right)(b-a)$.

此外，若取 $f(\xi)=\frac{1}{2}[f(a)+f(b)]$，则有

$$\int_a^b f(x)\mathrm{d}x \approx \frac{1}{2}[f(a)+f(b)](b-a) \tag{6.1}$$

该公式称为梯形公式(trapezoidal formula)，它的几何意义是曲边梯形的面积可以用其梯形面积近似.

若取 $f(\xi)=\frac{1}{6}\left[f(a)+4f\left(\frac{a+b}{2}\right)+f(b)\right]$，则有

$$\int_a^b f(x)\mathrm{d}x \approx \frac{1}{6}\left[f(a)+4f\left(\frac{a+b}{2}\right)+f(b)\right](b-a) \tag{6.2}$$

该公式称为抛物线公式(又称为 Simpson 公式).

上述这些求积公式均为数值求积公式或机械求积公式(mechanical quadrature formula).

定义 6-1　选取区间$[a,b]$内若干节点 x_k处的高度 $f(x_k)$，通过加权平均的方法近似地得出积分值，即

$$\int_a^b f(x)\mathrm{d}x \approx \sum_{k=0}^{n} A_k f(x_k) \tag{6.3}$$

式中，x_k称为求积节点(quadrature node)，A_k称为求积系数(quadrature coeffiient)，仅与求积节点有关，不依赖于被积函数 $f(x)$，从而避免求原函数 $F(x)$. 此类求积公式称为数值求积公式.

记

$$R[f]=\int_a^b f(x)\mathrm{d}x-\sum_{k=0}^{n} A_k f(x_k)$$

称为求积公式(6.3)的余项(或截断误差).

观察求积公式(6.3)，可以发现我们是利用积分区间$[a,b]$上一些离散节点的函数值进行线性组合来近似计算定积分，从而避免了牛顿-莱布尼兹公式寻求原函数的困难，也为计算机求积分提供了可行性. 数值求积公式的求积节点可以包含积分区间的端点，也可以不包含积分区间的端点，如前所述的左矩形公式、右矩形公式、中矩形公式、梯形公式等.

6.1.2　代数精度

为说明求积公式代数精度的作用，我们来看下面的例子.

例 6-1　取 $f(x)=1,x,x^2,x^3,x^4$，在区间$[0,2]$上比较梯形公式和 Simpson 公式的计算结果与准确值之间的差异.

解：由式(6.1)、式(6.2)可知在区间$[0,2]$上的梯形公式为

$$\int_0^2 f(x)\mathrm{d}x \approx f(0)+f(2)$$

Simpson 公式为

$$\int_0^2 f(x)\mathrm{d}x \approx \frac{1}{3}[f(0)+4f(1)+f(2)]$$

将 $f(x)=1,x,x^2,x^3,x^4$ 分别代入上述公式，可得如表 6.1 所示的结果：

表 6.1 计算结果

$f(x)$	1	x	x^2	x^3	x^4
准确值	2	2	2.67	4	6.40
梯形公式计算值	2	2	4	8	16
Simpson 公式计算值	2	2	2.67	4	6.67

从表中可以看出，当 $f(x)=1,x,x^2,x^3,x^4$ 时，Simpson 公式比梯形公式更精确.

定义 6-2 对于一个不超过 m 次的多项式 $f(x)=a_mx^m+a_{m-1}x^{m-1}+\cdots+a_0$，求积公式(6.3)准确成立，即 $R[f]\equiv 0$，而对于 $m+1$ 次的多项式求积公式(6.3)不能准确成立，则称该求积公式具有 m 次的代数精度.

也可以改为如下等价定义：

定义 6-3 对于 $f(x)=1,x,x^2,\cdots,x^m$，求积公式(6.3)准确成立，即 $R[f]\equiv 0$，而对于 $f(x)=x^{m+1}$，求积公式(6.3)不能准确成立，则称该求积公式具有 m 次的代数精度.

一般来说，代数精度越高，求积公式越精确.

例 6-2 证明梯形公式和中矩形公式具有 1 次代数精度，而 Simpson 公式具有 3 次代数精度.

证：梯形公式 $I=\int_a^b f(x)\mathrm{d}x \approx (b-a)\dfrac{f(a)+f(b)}{2}$.

对 $f(x)=1$，左边$=b-a$，右边$=b-a$. 左边=右边.

对 $f(x)=x$，左边$=\frac{1}{2}(b^2-a^2)$，右边$=\frac{1}{2}(b^2-a^2)$. 左边=右边.

对 $f(x)=x^2$，左边$=\frac{1}{3}(b^3-a^3)$，右边$=\frac{1}{2}(b-a)(a^2+b^2)$. 左边≠右边.

梯形公式具有 1 次代数精度.

类似的可以证明中矩形公式具有 1 次代数精度，Simpson 公式具有 3 次代数精度.

凡至少具有 0 次代数精度的求积公式，一定满足 $f(x)=1$ 时，求积公式两端相等，即

$$\int_a^b 1\mathrm{d}x = \sum_{k=0}^{n} A_k 1$$

从而

$$\sum_{k=0}^{n} A_k = b-a$$

因此求积系数之和等于区间长度 $b-a$，这是求积系数的基本特性.

下面讨论代数精度和求积节点数之间的关系.

定理 6-1　对于给定的 $n+1$ 个节点 $x_k, k=0,1,\cdots,n$ 总存在求积系数 $A_k, k=0,1,\cdots,n$ 使求积公式(6.3)至少有 n 次的代数精度.

证：令 $f(x)=1,x,x^2,\cdots,x^n$，使求积公式(6.3)准确成立，即

$$\begin{cases} A_0+A_1+\cdots+A_n=b-a \\ A_0x_0+A_1x_1+\cdots+A_nx_n=\dfrac{1}{2}(b^2-a^2) \\ \vdots \\ A_0x_0^n+A_1x_1^n+\cdots+A_nx_n^n=\dfrac{1}{n+1}(b^{n+1}-a^{n+1}) \end{cases}$$

这是关于 A_k 的线性方程组，其系数矩阵是范德蒙矩阵，当节点 x_k 互异时非奇异，即 A_k 有唯一解. 即对 $f(x)=1,x,x^2,\cdots,x^n$，求积公式(6.3)均准确成立，所以求积公式(6.3)至少有 n 次的代数精度.

例 6-3　确定下列求积公式中的待定参数，使其代数精度尽可能高，并指明其代数精度.

$$\int_{-h}^{h} f(x)\mathrm{d}x \approx A_{-1}f(-h)+A_0f(0)+A_1f(h)$$

解：因为求积公式有 A_{-1}，A_0 和 A_1 3 个待定系数，设求积公式对于 $f(x)=1,x,x^2$ 均准确成立，则有

$$\begin{cases} A_{-1}+A_0+A_1=2h \\ -hA_{-1}+0+hA_1=0 \\ h^2A_{-1}+0+h^2A_1=\dfrac{2}{3}h^3 \end{cases}$$

解得

$$A_{-1}=\frac{1}{3}h, A_0=\frac{4}{3}h, A_1=\frac{1}{3}h$$

于是有求积公式

$$\int_{-h}^{h} f(x)\mathrm{d}x \approx \frac{h}{3}f(-h)+\frac{4h}{3}f(0)+\frac{h}{3}f(h)$$

其代数精度至少为 2 次.

将 $f(x)=x^3$ 代入求积公式，左边=右边=0，公式准确成立.

将 $f(x)=x^4$ 代入求积公式，左边$=\dfrac{2}{5}h^5$，右边$=\dfrac{2}{3}h^5$，公式不准确成立. 所以该求积公式的代数精度为 3 次.

6.1.3　插值型求积公式的构造

若被积函数 $f(x)$ 用插值多项式 $P(x)$ 代替，可得插值型求积公式.

设已知函数 $f(x)$ 在给定节点 $a=x_0<x_1<x_2<\cdots<x_n=b$ 处的函数值 $f(x_k)$，构造 n 次 Lagrange 插值多项式 $P(x)$，即

$$P(x)=\sum_{k=0}^{n}f(x_k)l_k(x)$$

式中,$l_k(x)(k=0,1,2,\cdots,n)$为 Lagrange 插值基函数,代入求积公式(6.3)有

$$\begin{aligned}\int_a^b f(x)\mathrm{d}x\approx\int_a^b P(x)\mathrm{d}x&=\int_a^b\sum_{k=0}^{n}f(x_k)l_k(x)\mathrm{d}x\\&=\sum_{k=0}^{n}f(x_k)\left[\int_a^b l_k(x)\mathrm{d}x\right]=\sum_{k=0}^{n}f(x_k)A_k\end{aligned}$$

即求积系数 $A_k=\int_a^b l_k(x)\mathrm{d}x$.

定义 6-4 求积公式

$$\int_a^b f(x)\mathrm{d}x\approx\sum_{k=0}^{n}A_kf(x_k)\tag{6.4}$$

其系数 $A_k=\int_a^b l_k(x)\mathrm{d}x$ 时,称之为插值型求积公式.

6.1.4 插值型求积公式的余项

由 Lagrange 插值多项式余项公式可知,插值型求积公式(6.4)的余项为

$$R[f]=\int_a^b[f(x)-P_n(x)]\mathrm{d}x=\int_a^b\frac{f^{(n+1)}(\xi)}{(n+1)!}\prod_{i=0}^{n}(x-x_i)\mathrm{d}x\tag{6.5}$$

式中,$\xi\in[a,b]$是变量 x 的某个函数.由此可知,若函数 $f(x)$ 是次数小于 n 的多项式,则 $R[f]=0$,且$\int_a^b f(x)\mathrm{d}x=\sum_{k=0}^{n}A_kf(x_k)$.

定理 6-2 对于 $n+1$ 个节点的求积公式(6.3),至少具有 n 次代数精度的充要条件是该公式是插值型求积公式.

证明:充分性:

插值型求积公式的余项公式(6.5)对次数不超过 n 次的多项式,有 $R[f]=0$,即插值型求积公式对次数不超过 n 次的多项式均准确成立,故插值型求积公式至少具有 n 次代数精度.

必要性:

因为插值型求积公式的 Lagrange 插值基函数 $l_k(x)$当 $k=0,1,2,\cdots,n$ 时,是关于 x 的 n 次多项式,且

$$l_k(x)=\begin{cases}1,i=k\\0,i\neq k\end{cases}\quad(i=0,1,2,\cdots,n)$$

当取 $f(x)=l_k(x)$时,有

$$\int_a^b f(x)\mathrm{d}x=\int_a^b l_k(x)\mathrm{d}x=\sum_{i=0}^{n}A_il_k(x_i)=A_k$$

所以有$\int_a^b l_k(x)\mathrm{d}x=A_k$,即有 n 次代数精度的求积公式为插值型求积公式.

因此,我们可以总结插值型求积公式具有如下特点:

① 复杂函数 $f(x)$ 积分转化为计算多项式积分；

② 求积系数 $A_k=\int_a^b l_k(x)\mathrm{d}x$ 只与区间和节点有关，与被积函数无关，可预先算定；

③ 求积系数之和为区间长度，即 $\sum_{k=0}^{n}A_k=b-a$；

④ $n+1$ 个节点的插值型求积公式至少具有 n 次代数精度.

下面给出构造插值求积公式的一般步骤：

① 在积分区间 $[a,b]$ 上选节点 x_k；

② 求 $f(x_k)$ 和 A_k（利用公式 $A_k=\int_a^b l_k(x)\mathrm{d}x$ 或解关于 A_k 的线性方程组），由此可得

$$\int_a^b f(x)\mathrm{d}x\approx\sum_{k=0}^{n}A_k f(x_k)$$

③ 用 $f(x)=x^{n+1},\cdots$，验证求积公式代数精度，直到 x 的最高次数.

例 6-4　对 $\int_0^3 f(x)\mathrm{d}x$，构造一个至少有 3 次代数精度的插值型求积公式.

解：在 $[0,3]$ 上选至少 4 个插值节点，才能使求积公式至少有 3 次代数精度，假设选取插值节点为 0，1，2，3. 则插值型求积公式为

$$\int_0^3 f(x)\mathrm{d}x\approx A_0f(0)+A_1f(1)+A_2f(2)+A_3f(3)$$

下面求 A_k.

① 利用 $A_k=\int_a^b l_k(x)\mathrm{d}x$，有

$$A_0=\int_0^3 l_0(x)\mathrm{d}x=\int_0^3\frac{(x-1)(x-2)(x-3)}{(0-1)(0-2)(0-3)}\mathrm{d}x=\frac{3}{8}$$

类似地，可求得

$$A_1=A_2=\frac{9}{8},A_3=\frac{3}{8}$$

② 解关于 A_k 的线性方程组，将 $f(x)=1,x,x^2,x^3$ 代入求积公式，可得

$$\begin{cases}A_0+A_1+A_2+A_3=3\\A_1+2A_2+3A_3=9/2\\A_1+4A_2+9A_3=9\\A_1+8A_2+27A_3=81/4\end{cases}$$

解得

$$\begin{cases}A_0=3/8\\A_1=9/8\\A_2=9/8\\A_3=3/8\end{cases}$$

所以

$$\int_0^3 f(x)\mathrm{d}x\approx(3/8)[f(0)+3f(1)+3f(2)+f(3)]$$

用 $f(x)=x^4$ 验证精度，

$$\int_0^3 x^4\,\mathrm{d}x = 48.6$$

$$\frac{3}{8}(0^4+3\times1^4+3\times2^4+3^4)=48.75$$

故求积公式两边不相等，只有 3 次代数精度.

6.2 三个常用的求积公式及其误差

6.2.1 数值求积公式的导出

常用的梯形公式和 Simpson 公式是低阶的牛顿-柯特斯(Newton-Cotes)公式. 它是积分区间上等距节点的插值型求积公式，下面推导出此公式.

求积公式和复化求积公式

如前所述，插值型求积公式的求积系数为

$$A_k=\int_a^b l_k(x)\,\mathrm{d}x=\int_a^b\prod_{\substack{i=0\\i\neq k}}^{n}\frac{x-x_i}{x_k-x_i}\mathrm{d}x$$

显然 A_k 和节点 x_k 及积分区间 $[a,b]$ 有关.

将积分区间 $[a,b]$ n 等分，步长 $h=\dfrac{b-a}{n}$，取等距节点 $x_k=a+kh(k=0,1,2,\cdots,n)$，取 $c_k=\dfrac{1}{b-a}A_k$，这样构造出来的插值型求积公式

$$\int_a^b f(x)\,\mathrm{d}x\approx(b-a)\sum_{k=0}^{n}c_k f(x_k) \tag{6.6}$$

称为 n 阶牛顿-柯特斯公式，c_k 称为 Cotes 系数.

令 $x=a+th$，$x_i=a+ih$，则 $\mathrm{d}x=h\mathrm{d}t$，故

$$\begin{aligned}c_k&=\frac{1}{b-a}\int_a^b\prod_{\substack{i=0\\i\neq k}}^{n}\frac{x-x_i}{x_k-x_i}\mathrm{d}x\\&=\frac{1}{nh}\int_0^n\prod_{\substack{i=0\\i\neq k}}^{n}\frac{a+th-a-ih}{a+kh-a-ih}h\,\mathrm{d}t\\&=\frac{1}{n}\int_0^n\prod_{\substack{i=0\\i\neq k}}^{n}\frac{t-i}{k-i}\mathrm{d}t\end{aligned}$$

因此，Cotes 系数 $c_k(k=0,1,2,\cdots,n)$ 只与等分点数 n 有关，与区间 $[a,b]$ 和 $f(x)$ 无关.

6.2.2 梯形公式

当 $n=1$ 时，Cotes 系数分别为 $c_0=\dfrac{1}{2}$，$c_1=\dfrac{1}{2}$，所以有梯形公式

$$\int_a^b f(x)\mathrm{d}x \approx T = (b-a)\left[\frac{1}{2}f(a)+\frac{1}{2}f(b)\right]$$
$$=\frac{b-a}{2}[f(a)+f(b)]$$

该公式的几何意义就是用梯形面积近似曲边梯形面积，也相当于用经过两个端点的直线 $P_1(x)$ 代替 $f(x)$ 计算积分(图 6.1). 此外，例 6-2 已验证梯形公式的代数精度为 1.

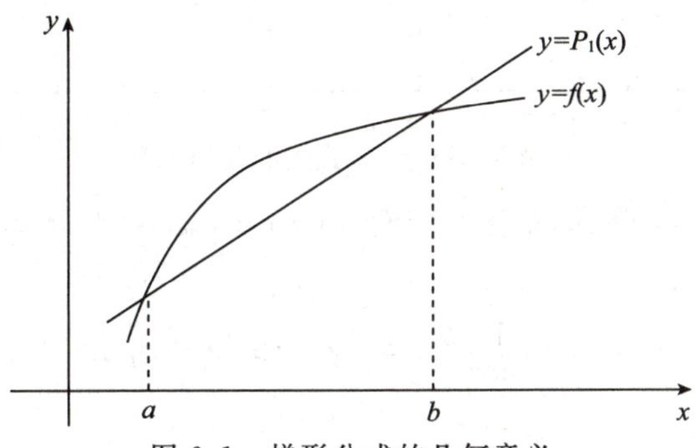

图 6.1　梯形公式的几何意义

定理 6-3　(梯形公式的余项) 设 $f(x)$ 在 $[a,b]$ 上具有连续的二阶导数，则梯形公式的余项

$$R_T=-\frac{(b-a)^3}{12}f''(\xi),\xi\in(a,b)$$

证: 由余项公式(6.5)知

$$R_T=\int_a^b \frac{f''(\xi_x)}{2}(x-a)(x-b)\mathrm{d}x$$

式中，$\xi_x\in(a,b)$. 因为 $(x-a)(x-b)$ 在区间 $[a,b]$ 上不改变符号，所以由积分中值定理知，存在 $\xi\in(a,b)$，使得

$$R_T=\frac{f''(\xi)}{2}\int_a^b (x-a)(x-b)\mathrm{d}x=-\frac{(b-a)^3}{12}f''(\xi)$$

6.2.3　Simpson 公式

当 $n=2$ 时，Cotes 系数分别为 $c_0=\frac{1}{6}, c_1=\frac{4}{6}, c_2=\frac{1}{6}$，所以有抛物线公式(又称为 Simpson 公式)

$$\int_a^b f(x)\mathrm{d}x \approx S=(b-a)\left[\frac{1}{6}f(a)+\frac{4}{6}f\left(\frac{a+b}{2}\right)+\frac{1}{6}f(b)\right]$$
$$=\frac{b-a}{6}\left[f(a)+4f\left(\frac{a+b}{2}\right)+f(b)\right]$$

该公式相当于用经过两个端点和中点的二次抛物线 $P_2(x)$ 代替 $f(x)$ 计算积分(图 6.2). 此外，例 6-2 已验证 Simpson 公式的代数精度为 3.

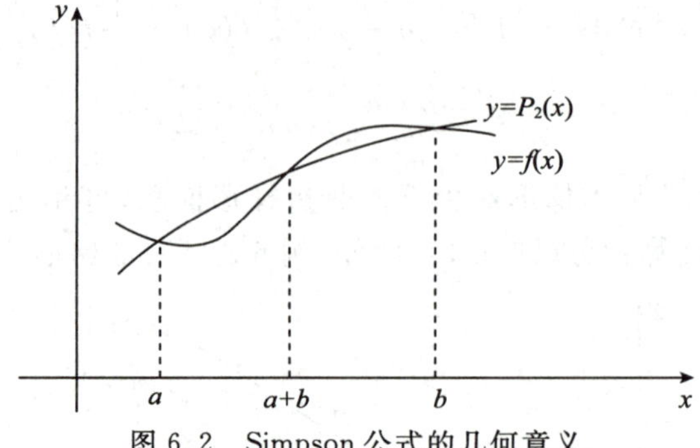

图 6.2　Simpson 公式的几何意义

定理 6-4　（Simpson 公式的余项）设 $f(x)$ 在 $[a,b]$ 上具有连续的四阶导数，则 Simpson 公式的余项

$$R_S=-\frac{1}{90}\left(\frac{b-a}{2}\right)^5 f^{(4)}(\xi),\xi\in(a,b)$$

6.2.4　Cotes 公式

当 $n=4$ 时，Cotes 系数分别为 $c_0=\frac{7}{90},c_1=\frac{32}{90},c_2=\frac{14}{90},c_3=\frac{32}{90},c_4=\frac{7}{90}$，所以有 Cotes 公式

$$\int_a^b f(x)\mathrm{d}x\approx C=\frac{b-a}{90}\left[7f(a)+32f\left(\frac{3a+b}{4}\right)+14f\left(\frac{a+b}{2}\right)+32f\left(\frac{a+3b}{4}\right)+7f(b)\right]$$

该公式相当于用经过区间 $[a,b]$ 的 4 等分点作插值多项式 $P_4(x)$ 代替 $f(x)$ 计算积分. 容易验证 Cotes 公式的代数精度为 5.

定理 6-5　（Cotes 公式的余项）设 $f(x)$ 在 $[a,b]$ 上具有连续的六阶导数，则 Cotes 公式的余项

$$R_C=-\frac{8}{945}\left(\frac{b-a}{4}\right)^7 f^{(6)}(\xi),\xi\in(a,b)$$

牛顿-柯特斯公式是把积分区间分成 n 等分，用 $n+1$ 个节点构造插值求积公式. 因此，牛顿-柯特斯公式至少具有 n 次代数精度，但当 n 为偶数时具有 $n+1$ 次代数精度.

定理 6-6　当 n 是偶数时，牛顿-柯特斯求积公式具有 $n+1$ 次代数精确度.

下面给出一个用上述 3 个公式计算定积分近似值的例子.

例 6-5　用梯形公式、Simpson 公式和 Cotes 公式求积分 $\int_0^1 \mathrm{e}^x\mathrm{d}x$，并与精确值比较.

解：梯形公式

$$\int_0^1 \mathrm{e}^x\mathrm{d}x\approx\frac{1-0}{2}(\mathrm{e}^1+\mathrm{e}^0)\approx\frac{1}{2}\times 3.718=1.859$$

Simpson 公式

$$\int_0^1 \mathrm{e}^x\mathrm{d}x\approx\frac{1-0}{6}(\mathrm{e}^0+4\times\mathrm{e}^{\frac{1}{2}}+\mathrm{e}^1)\approx\frac{1}{6}\times 10.31317\approx 1.71886$$

Cotes 公式

$$\int_0^1 e^x dx \approx \frac{1-0}{90}(7\times e^0 + 32\times e^{\frac{1}{4}} + 12\times e^{\frac{1}{2}} + 32\times e^{\frac{3}{4}} + 7\times e^1)$$
$$\approx \frac{1}{90}\times 154.64544 = 1.71828$$

和精确值 $\int_0^1 e^x dx = e^x |_0^1 = 1.7182818\cdots$ 比较，梯形公式有 1 位有效数字，Simpson 公式有 4 位有效数字，Cotes 公式有 6 位有效数字.

6.3　复化求积公式

从上述讨论可知，牛顿-柯特斯公式本质上是用插值多项式代替被积函数，然后再计算积分. 由于高阶插值多项式是不稳定的，故牛顿-柯特斯公式也并不稳定. 此外，前面介绍的梯形公式、Simpson 公式和 Cotes 公式在区间不大时，用来计算定积分是简单实用的. 但当区间比较大时，由余项可以看出精度比较差（梯形公式、Simpson 公式、Cotes 公式的余项分别和区间长度的 3、5、7 次方成正比）.

为减小因区间过大造成的误差过大，将积分区间等分成 n 等分，对每等分（每个小区间）分别用低阶的牛顿-柯特斯公式（如梯形公式、Simpson 公式和 Cotes 公式）求积，然后将其结果加起来，得到积分的近似值. 这样得到的求积公式称为复化求积公式(composite quadrature formula). 实际上，它是以分段低次插值多项式代替被积函数求积所得，且易验证它可保持小区间上求积公式的代数精度.

6.3.1　复化梯形公式

复化梯形公式是将积分区间等分成 n 个小区间，在每个小区间上分别用梯形求积公式求积，然后再将其结果加起来. 下面是详细的推导过程.

设 $f(x)$ 在 $[a,b]$ 上有连续的二阶导数，将 $[a,b]$ 等分成 $n(n\in \mathbf{Z}^+)$ 个小区间，分别记为

$$[x_0,x_1],\cdots,[x_k,x_{k+1}],\cdots,[x_{n-1},x_n]$$

式中，$x_k=a+kh$；$h=\dfrac{b-a}{n}$；$k=0,1,\cdots,n$.

在 $[x_k,x_{k+1}]$ 上运用梯形公式，即

$$T_k=\frac{h}{2}[f(x_k)+f(x_{k+1})]$$

然后将每个子区间的积分值累加得

$$\begin{aligned} T_n &= \sum_{k=0}^{n-1}\frac{h}{2}[f(x_k)+f(x_{k+1})] \\ &= \frac{h}{2}\left[f(a)+2\sum_{k=1}^{n-1}f(x_k)+f(b)\right] \end{aligned} \tag{6.7}$$

当 $f(x)$ 在 $[a,b]$ 有连续的二阶导数时，在子区间 $[x_k,x_{k+1}]$ 梯形公式的误差已知为

$$R_{T_k}=-\frac{h^3}{12}f''(\xi_k),x_k\leqslant\xi_k\leqslant x_{k+1}$$

因此，在 $[a,b]$ 上的误差

$$R_{T_n}=\sum_{k=1}^{n}R_{T_k}=-\frac{h^3}{12}\sum_{k=1}^{n}f''(\xi_k),x_k\leqslant\xi_k\leqslant x_{k+1}$$

由于 $f''(x)$连续，对连续函数在$[a,b]$上存在 ξ，有

$$\frac{1}{n}\sum_{k=1}^{n}f''(\xi_k)=f''(\xi)$$

即

$$\sum_{k=1}^{n}f''(\xi_k)=nf''(\xi)$$

因此

$$R_{T_n}=-\frac{h^3}{12}nf''(\xi)=-\frac{b-a}{12}h^2f''(\xi),\xi\in(a,b)$$

可以看出 R_{T_n} 是 h^2 阶的，即当 $n\to\infty$时，$h\to0$，则 $R_{T_n}\to0$. 这表明复化梯形公式是收敛的.

例 6-6 用 $n=6$ 的复化梯形公式计算积分 $\int_4^{5.2}\ln x\mathrm{d}x$ 的近似值.

解：$f(x)=\ln x,a=4,b=5.2,b-a=1.2,n=6,h=\frac{5.2-4}{6}=0.2$

$$\begin{aligned}\int_4^{5.2}\ln x\mathrm{d}x&\approx\frac{0.2}{2}\{f(4)+2[f(4.2)+f(4.4)+f(4.6)+f(4.8)+f(5)]+f(5.2)\}\\&=1.8277\end{aligned}$$

根据复化梯形公式的计算公式，用 MATLAB 不难编写如下计算函数：

CompositeTrapezoid.m 文件

```
function[ Th ]=CompositeTrapezoid(fun,a,b,n)
%complexTrapezoid 函数,利用复化梯形公式求积分
%fun 被积函数
%a 定积分左端点
%b 定积分右端点,注意 a<b
%n 区间分割份数,n>0 的整数
%h 等分得到的区间长度
%X 区间分割形成的节点的横坐标向量
%Y 区间分割形成的节点的纵坐标向量
%Th 复化梯形公式求积分后的结果

h=(b-a)/n;   %等分得到的区间长度
X=a:h:b;     %生成节点横坐标向量
Y=fun(X);    %生成节点纵坐标向量
Th=sum(h/2*(Y(1:length(Y)-1)+Y(2:length(Y))));

end
```

我们利用上述函数计算例 6-6，可以先编写 fun 函数文件：

fun.m 文件

```
function[ Y ]=fun(X)
% fun 函数,求变量 X 对应的函数值 Y,变量 X 可以是一个向量
% X   自变量或者是自变量的向量
% Y   函数的因变量或者是因变量向量

Y=log(X); % 自然对数函数

end
```

然后在命令窗口输入如下命令,得到计算结果:

```
>>[ Th ]=CompositeTrapezoid(@fun,4,5.2,6)

Th=

    1.8277
```

6.3.2　复化 Simpson 公式

复化 Simpson 公式是在每个小区间上分别用 Simpson 公式求积,然后再将其结果加起来.

记子区间$[x_k, x_{k+1}]$的中点为 $x_{k+\frac{1}{2}}$,则复化 Simpson 公式为

$$\begin{aligned} S_n &= \sum_{k=0}^{n-1} \frac{h}{6}[f(x_k) + 4f(x_{k+\frac{1}{2}}) + f(x_{k+1})] \\ &= \frac{h}{6}\left[f(a) + 4\sum_{k=0}^{n-1} f(x_{k+\frac{1}{2}}) + 2\sum_{k=1}^{n-1} f(x_k) + f(b)\right] \end{aligned} \tag{6.8}$$

当 $f(x)$在$[a,b]$上有连续的四阶导数时,在子区间$[x_k, x_{k+1}]$上 Simpson 公式的误差为

$$R_{S_k} = -\frac{(b-a)^5}{2880} f^{(4)}(\xi_k), \xi_k \in [x_k, x_{k+1}]$$

所以

$$\begin{aligned} R_{S_n} &= -\frac{h^5}{2880}[f^{(4)}(\xi_1) + f^{(4)}(\xi_2) + \cdots + f^{(4)}(\xi_n)] \\ &= -\frac{b-a}{2880} h^4 f^{(4)}(\xi) = -\frac{b-a}{180}\left(\frac{h}{2}\right)^4 f^{(4)}(\xi) \end{aligned}$$

可以看出 R_{S_n} 是 h^4 阶的,即当 $n \to \infty$时,$h \to 0$,则 $R_{S_n} \to 0$. 这表明复化 Simpson 公式是收敛的.

例 6-7　用复化 Simpson 公式计算积分$\int_4^{5.2} \ln x \mathrm{d}x$ 的近似值,使绝对误差小于 10^{-6}.

解:$f(x)=\ln x, a=4, b=5.2, b-a=1.2, \varepsilon=10^{-6}$

$$f^{(4)}(x)=\frac{-6}{x^4}$$

$$|f^{(4)}(x)|\leqslant\frac{6}{4^4},x\in[4,5.2]$$

解不等式

$$\frac{1.2^5\cdot 6}{180\cdot n^4\cdot 4^4}<\varepsilon=10^{-6}$$

求得 $n=6$.

用 $n=6$ 的复化 Simpson 公式(6.8)计算积分：

$$\int_4^{5.2}\ln x\mathrm{d}x\approx\frac{0.2}{6}\left[f(4)+4\sum_{k=0}^{5}f(4+0.2k+0.1)+2\sum_{k=1}^{5}f(4+0.2k)+f(5.2)\right]$$
$$=1.8278$$

根据复化 Simpson 公式的计算公式，用 MATLAB 不难编写如下计算函数：

CompositeSimpson.m 文件

```
function[ Tn ]=CompositeSimpson(fun,a,b,n)
 % complexSimpson 复化 Simpson 公式求函数积分
 % fun 被积函数
 % a 定积分左端点
 % b 定积分右端点,注意 a<b
 % n 区间分割份数,n>0 的整数
 % h 等分得到的区间长度
 % X 区间分割形成的节点的横坐标向量
 % Y 区间分割形成的节点的纵坐标向量
 % Sn 复化 Simpson 公式求积分后的结果

h=(b-a)/n;       % 等分得到的区间长度
X=a:h/2:b;       % 生成节点横坐标向量
Y=fun(X);       % 生成节点纵坐标向量
Sn=sum(h/6 * (Y(1:2:length(Y)-2)+4 * Y(2:2:length(Y)-1)+…
    Y(3:2:length(Y))));

end
```

我们利用上述函数和前面编写的 fun 函数计算例 6-7，在命令窗口输入如下命令，得到计算结果：

```
>>[ Sn ]=CompositeSimpson(@fun,4,5.2,6)

Sn=

    1.8278
```

6.3.3　复化 Cotes 公式

复化 Cotes 公式是在每个小区间上分别用 Cotes 公式求积，然后再将其结果加起来.

将子区间$[x_k, x_{k+1}]$分成 4 等分，内分点依次为 $x_{k+\frac{1}{4}}, x_{k+\frac{1}{2}}, x_{k+\frac{3}{4}}$，则复化 Cotes 公式为

$$C_n = \frac{h}{90}\left[7f(a) + 32\sum_{k=0}^{n-1} f(x_{k+\frac{1}{4}}) + 12\sum_{k=0}^{n-1} f(x_{k+\frac{1}{2}}) + 32\sum_{k=0}^{n-1} f(x_{k+\frac{3}{4}}) + 14\sum_{k=1}^{n-1} f(x_k) + 7f(b)\right]$$

当 $f(x)$在$[a,b]$有连续的 6 阶导数时，则复化 Cotes 公式的误差为

$$R_{C_n} = -\frac{2(b-a)}{945}\left(\frac{h}{4}\right)^6 f^{(6)}(\xi), \xi \in [a,b]$$

可以看出 R_{C_n} 是 h^6 阶的，即当 $n \to \infty$时，$h \to 0$，则 $R_{C_n} \to 0$. 这表明复化 Cotes 公式是收敛的.

例 6-8　用复化 Cotes 公式计算积分$\int_4^{5.2} \ln x \mathrm{d}x$ 的近似值使绝对误差小于 10^{-6}.

解：略.

根据复化 Cotes 公式的计算公式，用 MATLAB 不难编写如下计算函数：

CompositeCotes.m 文件

```
function[ Cn ]=CompositeCotes(fun,a,b,n)
%complexCotes 复化 Simpson 公式求函数积分
%fun 被积函数
%a 定积分左端点
%b 定积分右端点，注意 a<b
%n 区间分割份数，n>0 的整数
%h 等分得到的区间长度
%X 区间分割形成的节点的横坐标向量
%Y 区间分割形成的节点的纵坐标向量
%Cn 复化 Cotes 公式求积分后的结果

h=(b-a)/n;      %等分得到的区间长度
X=a:h/4:b;      %生成节点横坐标向量
Y=fun(X);       %生成节点纵坐标向量
Cn=sum(h/90*(7*Y(1:4:length(Y)-4)+32*Y(2:4:length(Y)-3)+…
    12*Y(3:4:length(Y)-2)+32*Y(4:4:length(Y)-1)+7*Y(5:4:length(Y))));

end
```

我们利用上述函数和前面编写的 fun 函数计算例 6-8，在命令窗口输入如下命令，得到计算结果：

```
>>[ Cn ]=CompositeCotes(@fun,4,5.2,6)

Cn=

    1.8278
```

6.4 Romberg求积公式

复化求积公式能提高精度，但要给定步长，步长过大，则可能达不到积分的精度要求；步长过小，则要计算更多节点的函数值，计算量显著增大.因此，实际常用变步长求积公式来计算积分，在步长逐次二分过程中，反复利用复化求积公式进行计算，直到所求积分值满足精度要求为止.

6.4.1 变步长梯形公式

将积分区间$[a,b]$等分成n个子区间，则有$n+1$个等分节点

$$x_k=a+kh, h=\frac{b-a}{n}, k=0,1,\cdots,n.$$

对子区间$[x_k,x_{k+1}]$运用梯形公式，有

$$T_k=\frac{h}{2}[f(x_k)+f(x_{k+1})]$$

所有子区间求和，得

$$T_n=\frac{h}{2}\sum_{k=0}^{n-1}[f(x_k)+f(x_{k+1})]$$

对每个子区间$[x_k,x_{k+1}]$再增加一个新节点$x_{k+\frac{1}{2}}$，区间增加1倍，在子区间$[x_k,x_{k+\frac{1}{2}}]$和$[x_{k+\frac{1}{2}},x_{k+1}]$上分别运用梯形公式，则有

$$\frac{h/2}{2}[f(x_k)+f(x_{k+\frac{1}{2}})]+\frac{h/2}{2}[f(x_{k+\frac{1}{2}})+f(x_{k+1})]=\frac{h}{4}[f(x_k)+2f(x_{k+\frac{1}{2}})+f(x_{k+1})]$$

所以

$$\begin{aligned}T_{2n}&=\sum_{k=0}^{n-1}\frac{h}{4}[f(x_k)+2f(x_{k+\frac{1}{2}})+f(x_{k+1})]\\&=\frac{h}{4}\sum_{k=0}^{n-1}[f(x_k)+f(x_{k+1})]+\frac{h}{2}\sum_{k=0}^{n-1}f(x_{k+\frac{1}{2}})\\&=\frac{1}{2}T_n+\frac{h}{2}\sum_{k=0}^{n-1}f(x_{k+\frac{1}{2}})\end{aligned}\tag{6.9}$$

式中，$h=\dfrac{b-a}{n}$是分成n等分时的步长(二分前的步长)；$x_{k+\frac{1}{2}}=a+\left(k+\dfrac{1}{2}\right)h$；$k=0,1,2,\cdots,n-1$是二分时的各子区间中点.可以看出，计算二分后的积分值，只要计算新增等分点的$f(x_{k+\frac{1}{2}})$就可以了，而不需要重复计算原来节点的函数值，式(6.9)称为变步长梯形公式.该公式给出了一个逐步二分区间求积分的算法.

设 ε 为计算积分 $\int_a^b f(x)\mathrm{d}x$ 的允许截断误差，用变步长梯形公式求得 T_{2n} 和 T_n 后，判断二分前后的两个积分值之差的绝对值是否小于 ε，若有

$$|T_{2n}-T_n|<\varepsilon \tag{6.10}$$

则取 T_{2n} 为所求积分结果，否则继续二等分区间直到满足上式要求为止.

根据递推式(6.9) 和递推截止条件(6.10)，不难设计出如下求积函数的 MATLAB 程序：

RecursiveTrapezoid.m 文件

```
function[ Tn,resultTable ] = RecursiveTrapezoid(fun,a,b,epsilon)
 % RecursiveTrapezoid 函数,用变步长求积公式求指定函数积分,
 % fun 被积函数
 % a 定积分左端点
 % b 定积分右端点,注意 a < b
 % h 步长
 % epsilon 精度要求
 % Tn 变步长梯形公式的求积结果

h = b - a;   % 梯形公式步长,区间长度
Tn = []; % Tn 赋一个空矩阵
i = 0; % 记录区间减半次数
T = h/2 * (fun(a) + fun(b)); % 第一次梯形公式的计算结果
Tn = [Tn;T]; % 将第一次梯形公式计算结果存入 T2n 矩阵中
while 1 % 死循环,除非遇到 break 或者 return 命令
    sum = 0;
    i = i + 1;
    x = a + h/2;
    while x < b
        sum = sum + fun(x); % 累加新节点的函数值
        x = x + h;
    end
    T = Tn(length(Tn))/2 + sum * h/2;
    Tn = [Tn;T];      % 将结果 Tn 存入到 T2n 中
    h = h/2;      % 步长减半

     % 判断计算结果是否满足精度要求,若满足,退出循环
    if abs(Tn(length(Tn)) - Tn(length(Tn) - 1)) < epsilon
        resultTable = [[0:i]',2.^[0:i]',Tn,[0;Tn(2:length(Tn)) - Tn(1:length(Tn) - 1)]]; % 输出结果
        return;
    end
end

end
```

例 6-9 用变步长梯形公式计算积分 $I=\int_0^1 \frac{\sin x}{x}\mathrm{d}x$.

解:被积函数为 $f(x)=\frac{\sin x}{x}$,$f(0)=1$,$f(1)=0.8414710$,在区间[0,1]上运用梯形公式

$$T_1=\frac{1}{2}[(f(0)+f(1)]=0.9207355$$

将区间[0,1]二等分,因为 $f\left(\frac{1}{2}\right)=0.958851$,则

$$T_2=\frac{1}{2}T_1+\frac{1}{2}f\left(\frac{1}{2}\right)=0.9397933$$

再将区间二等分,因为 $f\left(\frac{1}{4}\right)=0.9896158$,$f\left(\frac{3}{4}\right)=0.9088516$,则

$$T_4=\frac{1}{2}T_2+\frac{1}{4}\left[f\left(\frac{1}{4}\right)+f\left(\frac{3}{4}\right)\right]=0.9445135$$

再将区间二等分,因为 $f\left(\frac{1}{8}\right)=0.9973979$,$f\left(\frac{3}{8}\right)=0.9767267$,$f\left(\frac{5}{8}\right)=0.9361551$,$f\left(\frac{7}{8}\right)=0.8771926$,则

$$T_8=\frac{1}{2}T_4+\frac{1}{8}\left[f\left(\frac{1}{8}\right)+f\left(\frac{3}{8}\right)+f\left(\frac{5}{8}\right)+f\left(\frac{7}{8}\right)\right]=0.9456908$$

利用上述给出的MATLAB程序,继续将区间二等分,可得如下计算结果表格,表6.2中的 i 代表二分次数,区间等分数为 $n=2^i$,满足精度 $\varepsilon<10^{-6}$ 的积分近似值为0.9460830.

表 6.2 计算结果

i	T_i	i	T_i
0	0.9207355	5	0.9460586
1	0.9397933	6	0.9460769
2	0.9445135	7	0.9460815
3	0.9456908	8	0.9460827
4	0.9459850	9	0.9460830

6.4.2 Romberg 求积公式

6.4.2.1 梯形法的加速

梯形公式计算简单,精度较低,收敛慢,当把区间分成 n 等分,用复化梯形公式计算积分的近似值为 T_n,则余项为

Romberg 求积公式

$$I-T_n=-\frac{b-a}{12}h^2f''(\xi_n)$$

若将区间再分半,为 $2n$ 等分,则余项为

$$I-T_{2n}=-\frac{b-a}{12}\left(\frac{h}{2}\right)^2f''(\xi_{2n})$$

设 $f''(x)$ 在$[a,b]$连续且变化不大时，有

$$f''(\xi_n) \approx f''(\xi_{2n})$$

这样当步长二分后，误差将减至$\frac{1}{4}$，即

$$\frac{I - T_{2n}}{I - T_n} \approx \frac{1}{4}$$

将其移项整理后，可得延后误差式

$$I - T_{2n} \approx \frac{1}{3}(T_{2n} - T_n) \tag{6.11}$$

由此可见，当 $|T_{2n} - T_n| < \varepsilon$ 时，T_{2n} 即为所求的近似值. $\frac{1}{3}(T_{2n} - T_n)$ 是 T_{2n} 的修正项，它与 T_{2n} 之和比 T_{2n} 或 T_n 更接近于真值 I，即它是对 T_{2n} 的一种补偿. 因此可以期待下式的$\overline{T}$ 是 I 的一个更好的近似表达式：

$$\overline{T} = T_{2n} + \frac{1}{3}(T_{2n} - T_n) = \frac{4}{3}T_{2n} - \frac{1}{3}T_n$$

下面说明$\overline{T}$ 就是将区间分成 n 等分时的复化 Simpson 公式的 S_n.

将 T_n，T_{2n} 的表达式

$$T_n = \frac{h}{2}\left[f(a) + 2\sum_{k=1}^{n-1} f(x_k) + f(b)\right]$$

$$T_{2n} = \frac{T_n}{2} + \frac{h}{2}\sum_{k=0}^{n-1} f(x_{k+\frac{1}{2}})$$

代入，有

$$\begin{aligned}
\overline{T} &= \frac{4}{3}\left[\frac{T_n}{2} + \frac{h}{2}\sum_{k=0}^{n-1} f(x_{k+\frac{1}{2}})\right] - \frac{1}{3} \cdot \frac{h}{2}\left[f(a) + 2\sum_{k=1}^{n-1} f(x_k) + f(b)\right] \\
&= \frac{h}{6}\left[f(a) + 4\sum_{k=0}^{n-1} f(x_{k+\frac{1}{2}}) + 2\sum_{k=1}^{n-1} f(x_k) + f(b)\right] \\
&= S_n
\end{aligned}$$

因此，记

$$S_n = \frac{4T_{2n} - T_n}{4 - 1}$$

6.4.2.2　Simpson 法的加速

当把区间分成 n 等分，用复化 Simpson 公式计算积分的近似值为 S_n，截断误差为

$$I - S_n = -\frac{b-a}{2880}h^4 f^{(4)}(\xi_n)$$

若将区间再分半，为 $2n$，则有

$$I - S_{2n} = -\frac{b-a}{2880}\left(\frac{h}{2}\right)^4 f^{(4)}(\xi_{4n})$$

设 $f^{(4)}(x)$ 连续且变化不大时，有 $f^{(4)}(\xi_n) \approx f^{(4)}(\xi_{4n})$，可得近似式

$$\frac{I - S_{2n}}{I - S_n} \approx \frac{1}{16}$$

将其移项整理后，可得

$$I - S_{2n} \approx \frac{1}{15}(S_{2n} - S_n)$$

因此，$S_{2n} + \frac{1}{15}(S_{2n} - S_n)$ 也是 I 的一个近似表达式，可以证明该表达式正好是复化 Cotes 公式 C_n，即

$$C_n = \frac{4^2 S_{2n} - S_n}{4^2 - 1}$$

6.4.2.3 龙贝格公式(Cotes 法的加速)

当把区间分成 n 等分，用复化 Cotes 公式计算积分的近似值为 C_n，截断误差为

$$I - C_n = -\frac{2(b-a)}{945}\left(\frac{h}{4}\right)^6 f^{(6)}(\xi_n)$$

若将区间再分半，为 $2n$，则有

$$I - C_{2n} = -\frac{2(b-a)}{945}\left(\frac{h}{8}\right)^6 f^{(6)}(\xi_{6n})$$

设 $f^{(6)}(x)$ 连续且变化不大时，有 $f^{(6)}(\xi_n) \approx f^{(6)}(\xi_{4n})$，可得近似式

$$\frac{I - C_{2n}}{I - C_n} \approx \frac{1}{64}$$

将其移项整理后，可得

$$I - C_{2n} \approx \frac{1}{63}(C_{2n} - C_n)$$

因此，$C_{2n} + \frac{1}{63}(C_{2n} - C_n)$ 也是 I 的一个近似表达式，将其记为 R_n，即

$$R_n = \frac{4^3 C_{2n} - C_n}{4^3 - 1}$$

称之为龙贝格(Romberg) 求积公式.

龙贝格积分法可以按表 6.3 的顺序进行：

表 6.3 龙贝格积分计算顺序表

1 次	3 次	5 次	7 次
T_1			
T_2	S_1		
T_4	S_2	C_1	
T_8	S_4	C_2	R_1
T_{16}	S_8	C_4	R_2

$$S_n = \frac{4T_{2n} - T_n}{4 - 1}, C_n = \frac{4^2 S_{2n} - S_n}{4^2 - 1}, R_n = \frac{4^3 C_{2n} - C_n}{4^3 - 1} \tag{6.12}$$

当对角线上最后两个相邻项满足 $|R_2 - R_1| < \varepsilon$ 时，可停止计算并取 R_2 作为所求积分的近似值.

根据变步长梯形公式及式(6.12) 的 3 个等式，可以用 MATLAB 编写如下 Romberg 函数：

Romberg.m 文件

```
function[ Rn,resultTable ] = Romberg(fun,a,b,epsilon)
%Romberg 函数,用 Romberg 求积公式求指定函数积分,
%fun 被积函数
%a 定积分左端点
%b 定积分右端点,注意 a < b
%h 步长
%epsilon 精度要求
%Rn Romberg 方法求积结果

h = b - a;
Tn = [];   %Tn 赋一个空矩阵
Sn = [];   %Simpson 求积结果
Cn = [];   %Cotes 求积结果
Rn = [];   %Romberg 求积结果
i = 0;% 记录区间减半次数
T = h/2*(fun(a) + fun(b));% 第一次梯形公式的计算结果
Tn = [Tn;T];% 将第一次梯形公式计算结果存入 Tn 矩阵中
while 1% 死循环,除非遇到 break 或者 return 命令
    sum = 0;
    i = i + 1;
    x = a + h/2;
    while x < b
        sum = sum + fun(x);
        x = x + h;   % 累加新节点的函数值
    end
    T = Tn(length(Tn))/2 + sum*h/2;
    Tn = [Tn;T];   % 将结果 T 存入到 Tn 中
    Sn = [0;(4*Tn(2:length(Tn)) - Tn(1:length(Tn) - 1))./3];
    Cn = [0;0;(16*Sn(3:length(Sn)) - Sn(2:length(Sn) - 1))./15];
    Rn = [0;0;0;(64*Cn(4:length(Cn)) - Cn(3:length(Cn) - 1))./63];
    h = h/2;   % 步长减半

    % 判断计算结果是否满足精度要求,若满足,退出循环
    if i > 2 &amp;&amp;abs(Rn(length(Rn)) - Rn(length(Rn) - 1)) < epsilon
        resultTable = [[0:i]',Tn,Sn,Cn,Rn];% 输出表格结果
        return;
    end
end

end
```

利用上述给出的MATLAB程序，容易计算出例6-9的Romberg算法结果(表6.4)：

表6.4　算法结果

i	T_i	S_i	C_i	R_i
0	0.9207355	0	0	0
1	0.9397933	0.9461450	0	0
2	0.9445135	0.9460869	0.9460830	0
3	0.9456908	0.9460833	0.9460831	0.9460831
4	0.9459850	0.9460831	0.9460831	0.9460831

表中的 i 代表二分次数，区间等分数为 $n=2^i$，满足精度 $\varepsilon<10^{-6}$ 的积分近似值为0.9460831.

例6-10　用Romberg积分法计算积分 $\int_0^1 \frac{4}{1+x^2}\mathrm{d}x$，使精确度达到 10^{-4}.

解：

$$f(x)=\frac{4}{1+x^2}$$

$$T_1=\frac{1}{2}[f(0)+f(1)]=\frac{1}{2}(4+2)=3$$

$$T_2=\frac{1}{2}T_1+\frac{1}{2}f(0.5)=\frac{3}{2}+\frac{2}{1+0.5^2}=3.1$$

$$S_1=\frac{4T_2-T_1}{4-1}\approx 3.133333$$

$$T_4=\frac{1}{2}T_2+\frac{1}{4}[f(0.25)+f(0.75)]\approx 3.131176$$

$$S_2=\frac{4T_4-T_2}{4-1}\approx 3.141568$$

$$C_1=\frac{4^2S_2-S_1}{4^2-1}\approx 3.142117$$

如此计算下去，最后得到 $\int_0^1 \frac{4}{1+x^2}\mathrm{d}x\approx 3.14159$.

6.5　Gauss求积公式

在节点数不变的情况下，选择节点的位置使求积公式具有最高的代数精度，这种求积公式就是Gauss求积公式.

Gauss求积公式

插值型求积公式 $\int_a^b f(x)\mathrm{d}x\approx\sum_{k=0}^{n}A_kf(x_k)$ 对任意给定的 $n+1$ 个节点，至少有 n 次代数精度. 牛顿-柯特斯公式是等距节点的插值型求积公式，当 n 为偶数时，有 $n+1$ 次代数精度. 插值型求积公式中有 $n+1$ 个节点，$n+1$ 个求积系数，共有 $2n+2$ 个未知参数，适当选取这些参数可使求积公式具有 $2n+1$ 次代数精度，这时就构成了Gauss求积公式. Gauss求积公式讨论的就是最高次代数精度的求积公式.

6.5.1　Gauss 求积公式的定义

例 6-11　确定下列求积公式中的 A_0,A_1,x_0,x_1，使代数精度尽可能高.

$$\int_{-1}^{1}(f(x)\mathrm{d}x \approx A_0 f(x_0)+A_1 f(x_1)$$

解：求积公式有 A_0,x_0,A_1,x_1 四个未知数，令求积公式对 $f(x)=1,x,x^2,x^3$ 均准确成立，则

$$\begin{cases}A_0+A_1=2\\ A_0x_0+A_1x_1=0\\ A_0x_0^2+A_1x_1^2=\dfrac{2}{3}\\ A_0x_0^3+A_1x_1^3=0\end{cases}$$

求解可得

$$x_0=-\frac{1}{\sqrt{3}},x_1=\frac{1}{\sqrt{3}},A_0=A_1=1$$

所以有

$$\int_{-1}^{1}f(x)\mathrm{d}x \approx f\left(-\frac{1}{\sqrt{3}}\right)+f\left(\frac{1}{\sqrt{3}}\right)$$

该公式至少有 3 次代数精度.

很显然，当 n 较大时，用上述待定系数法通过解非线性方程组求解节点和求积系数是难以做到的.

插值型求积公式节点一旦确定，对应的求积系数就确定了，因此关键在于确定节点.

定义 6-5　使插值型求积公式 $\int_a^b f(x)\mathrm{d}x \approx \sum\limits_{k=0}^{n}A_k f(x_k)$ 有 $2n+1$ 次代数精度的节点 $x_k(k=0,1,2,\cdots,n)$ 称为高斯点(Gauss node)，该求积公式称为 Gauss 求积公式.

定理 6-7　节点 $x_k(k=0,1,2,\cdots,n)$ 为高斯点的充要条件是这些点为零点的多项式

$$\omega(x)=\prod_{k=0}^{n}(x-x_k)$$

与任意次数不超过 n 次的多项式 $P(x)$ 均正交，即

$$\int_a^b P(x)\omega(x)\mathrm{d}x=0 \tag{6.13}$$

6.5.2　Gauss-Legendre 求积公式

6.5.2.1　区间的变换

不失一般性，将求积公式 $\int_a^b f(x)\mathrm{d}x \approx \sum\limits_{k=0}^{n}A_k f(x_k)$ 的求积区间 $[a,b]$ 转换成 $[-1,1]$.

对求积区间 $[a,b]$ 作变换 $x=\dfrac{b-a}{2}t+\dfrac{a+b}{2}$，可以转换到区间 $[-1,1]$ 上，这时

$$\int_a^b f(x)\mathrm{d}x = \int_a^b f\left(\frac{b-a}{2}t+\frac{a+b}{2}\right)\mathrm{d}\left(\frac{b-a}{2}t+\frac{a+b}{2}\right)$$
$$= \frac{b-a}{2}\int_{-1}^{1} f\left(\frac{b-a}{2}t+\frac{a+b}{2}\right)\mathrm{d}t$$

即有

$$\int_a^b f(x)\mathrm{d}x = \frac{b-a}{2}\int_{-1}^{1}\varphi(t)\mathrm{d}t$$

式中，$\varphi(t) = f\left(\frac{b-a}{2}t+\frac{a+b}{2}\right)$.

6.5.2.2 高斯点的求取

以 $x_k(k=0,1,2,\cdots,n)$ 为根的多项式 $\omega(x)$ 在区间 $[-1,1]$ 上与任意不超过 n 次的多项式 $P(x)$ 正交. Legendre(勒让德)多项式具有这种性质，所以 $n+1$ 次 Legendre 多项式 $L_{n+1}(x)$ 的零点就是求积公式的高斯点，又因为 $\omega(x)$ 最高次幂系数为 1，故只要取最高次幂系数为 1 的 $n+1$ 次 Legendre 多项式 $\widetilde{L}_{n+1}(x)$ 作为 $\omega(x)$ 即可，将上述思路归纳为如下定理.

定理 6-8 若节点 $x_k(k=0,1,2,\cdots,n)$ 是高斯点，则以这些点为根的多项式 $\omega(x)=\prod\limits_{k=0}^{n}(x-x_k)$ 是最高次幂系数为 1 的 Legendre 多项式，即

$$\omega(x)=\widetilde{L}_{n+1}(x)$$

式中，

$$\widetilde{L}_{n+1}(x) = \frac{(n+1)!}{(2n+2)!}\frac{\mathrm{d}^{n+1}(x^2-1)^{n+1}}{\mathrm{d}x^{n+1}}$$

6.5.2.3 求积系数的求取

从定理 6-8 可以看出，当 n 给定，节点 $x_k(k=0,1,2,\cdots,n)$ 就确定了，则求积系数 A_k 就确定了.

定理 6-9 Gauss-Legendre 求积公式的求积系数 A_k 都是正的，且

$$A_k=\frac{2}{1-x_k^2}\left[\frac{\omega(1)}{\omega'(x_k)}\right]^2=\frac{2}{(1-x_k^2)[L'_{n+1}(x_k)]^2},k=0,1,\cdots,n$$

当 n 给定，x_k 就确定了，在区间 $[-1,1]$ 内 A_k 就确定了，A_k 和被积函数 $f(x)$ 无关. 下面给出区间 $[-1,1]$ 上 1～3 个高斯点的 Gauss-Legendre 求积公式：

$$I=\int_{-1}^{1}f(x)\mathrm{d}x = 2f(0)$$

$$I=\int_{-1}^{1}f(x)\mathrm{d}x = f\left(-\frac{1}{\sqrt{3}}\right)+f\left(\frac{1}{\sqrt{3}}\right)$$

$$I=\int_{-1}^{1}f(x)\mathrm{d}x = \frac{5}{9}\left[f\left(-\sqrt{\frac{3}{5}}\right)+f\left(\sqrt{\frac{3}{5}}\right)\right]+\frac{8}{9}f(0)$$

例 6-12 分别用 1 点、2 点和 3 点 Gauss-Legendre 求积公式计算积分 $I=\int_0^1\frac{4}{1+x^2}\mathrm{d}x$.

解：作变量替换 $x=\frac{1}{2}t+\frac{1}{2}$，则

$$I=\int_0^1 \frac{4}{1+x^2}\mathrm{d}x=\int_{-1}^1 \frac{8}{4+(x+1)^2}\mathrm{d}x$$

记 $g(x)=\dfrac{8}{4+(x+1)^2}$，则

由 1 点 Gauss-Legendre 公式得

$$I=2g(0)=3.2$$

由 2 点 Gauss-Legendre 公式得

$$I=g\left(-\frac{1}{\sqrt{3}}\right)+g\left(\frac{1}{\sqrt{3}}\right)=\frac{192}{61}\approx 3.14754098$$

由 3 点 Gauss-Legendre 公式得

$$I=\frac{5}{9}\left[g\left(-\sqrt{\frac{3}{5}}\right)+g\left(\sqrt{\frac{3}{5}}\right)\right]+\frac{8}{9}g(0)=8528/2715\approx 3.1410681$$

6.6　数值微分法

函数的表达式复杂，或函数以表格形式给出，可以利用数值方法求其导数，这个问题称为数值微分，即以函数 $y=f(x)$ 的离散数据

$$(x_k, f(x_k)), k=0,1,2,\cdots,n$$

来近似表达 $f(x)$ 在节点 x_k 处的导数，这种方法称为数值微分法.

6.6.1　插值型求导公式

给定节点 x_k 及函数 $y=f(x)$ 在节点 x_k 上的值 $f(x_k)$，建立插值多项式 $y=P_n(x)$，取 $P_n{}'(x)$ 的值作为 $f'(x)$ 的近似值，即建立数值公式：

$$f'(x)\approx P_n{}'(x)$$

这种公式称为插值型求导公式.

下面假定所给的节点 $x_k(k=0,1,2,\cdots,n)$ 都是等距的.

6.6.2　两点公式

设已给出两个节点 x_0 和 x_1 上的函数值 $f(x_0)$ 和 $f(x_1)$，作线性插值

$$P_1(x)=\frac{x-x_1}{x_0-x_1}f(x_0)+\frac{x-x_0}{x_1-x_0}f(x_1)$$

对上式两边求导，记 $h=x_1-x_0$，则有

$$P_1{}'(x)=\frac{1}{h}[f(x_1)-f(x_0)]$$

于是有下列求导公式

$$P_1{}'(x_0)=\frac{1}{h}[f(x_1)-f(x_0)]$$

$$P'_1(x_1)=\frac{1}{h}[f(x_1)-f(x_0)]$$

此处 $P_1'(x_0)=P_1'(x_1)$，但它们的截断误差是不同的，即

$$f'(x_0)-P_1'(x_0)=-\frac{f''(\xi)}{2!}(x_0-x_1)=-\frac{h}{2}f''(\xi)$$

$$f'(x_1)-P_1'(x_1)=\frac{h}{2}f''(\xi)$$

因此带余项的两点公式是

$$f'(x_0)=\frac{1}{h}[f(x_1)-f(x_0)]-\frac{h}{2}f''(\xi) \tag{6.14}$$

$$f'(x_1)=\frac{1}{h}[f(x_1)-f(x_0)]+\frac{h}{2}f''(\xi) \tag{6.15}$$

6.6.3 三点公式

设已给出三个节点 x_0，$x_1=x_o+h$ 和 $x_2=x_o+2h$ 上的函数值 $f(x_0)$，$f(x_1)$和 $f(x_2)$，作二次插值

$$P_2(x)=\frac{(x-x_1)(x-x_2)}{(x_0-x_1)(x_0-x_2)}f(x_0)+\frac{(x-x_0)(x-x_2)}{(x_1-x_0)(x_1-x_2)}f(x_1)+\frac{(x-x_0)(x-x_1)}{(x_2-x_0)(x_2-x_1)}f(x_2)$$

对 x 求导，有

$$P_2'(x)=\frac{(x-x_1)+(x-x_2)}{2h^2}f(x_0)+\frac{(x-x_0)+(x-x_2)}{-h^2}f(x_0)+\frac{(x-x_0)+(x-x_1)}{2h^2}f(x_2)$$

分别将 x_0，x_1和 x_2代入上式，得

$$P_2'(x_0)=\frac{1}{2h}[-3f(x_0)+4f(x_1)-f(x_2)]$$

$$P_2'(x_1)=\frac{1}{2h}[-f(x_0)+f(x_2)]$$

$$P_2'(x_2)=\frac{1}{2h}[f(x_0)-4f(x_1)+3f(x_2)]$$

因此带余项的三点求导公式分别是

$$f'(x_0)=\frac{1}{2h}[-3f(x_0)+4f(x_1)-f(x_2)]+\frac{h^2}{3}f^{(3)}(\xi) \tag{6.16}$$

$$f'(x_1)=\frac{1}{2h}[-f(x_0)+f(x_2)]-\frac{h^2}{6}f^{(3)}(\xi) \tag{6.17}$$

$$f'(x_2)=\frac{1}{2h}[f(x_0)-4f(x_1)+3f(x_2)]+\frac{h^2}{3}f^{(3)}(\xi) \tag{6.18}$$

式中，$x_0<\xi<x_2$，截断误差都是 $O(h^2)$.

对于三点的二次插值多项式，还可以求二次差商得二阶数值求导公式

$$\begin{aligned}f''(x_0)=f''(x_1)=f''(x_2)&=P_2''(x_0)=P_2''(x_1)=P_2''(x_2)\\&=\frac{1}{h^2}[f(x_0)-2f(x_1)+f(x_2)]\end{aligned} \tag{6.19}$$

其余项是 $O(h)$.

例 6-13　已知 $y=f(x)$ 的数值(表 6.5)：

表 6.5　$y=f(x)$ 的数值

x	2.5	2.6	2.7	2.8	2.9
y	12.1825	13.4637	14.8797	16.4446	18.1741

用两点、三点数值微分公式计算 $x=2.7$ 处函数的一阶 、二阶导数值.

解：$h=0.2$ 时，由式(6.14)、式(6.17)和式(6.19)得

$$f'(2.7)\approx\frac{1}{0.2}(14.8797-12.1825)=13.486$$

$$f'(2.7)\approx\frac{1}{2\times0.2}(18.1741-12.1825)=14.979$$

$$f''(2.7)\approx\frac{1}{0.2^2}(12.1825-2\times14.8797+18.1741)=14.930$$

$h=0.1$ 时，由式(6.14)、式(6.17)和式(6.19)得

$$f'(2.7)\approx\frac{1}{0.1}(14.8797-13.4637)=14.160$$

$$f'(2.7)\approx\frac{1}{2\times0.1}(16.4446-13.4637)=14.9045$$

$$f''(2.7)\approx\frac{1}{0.1^2}(13.4637-2\times14.8797+16.4446)=14.890$$

本章小结

本章主要介绍了用插值型求积公式、Gauss 求积公式和数值微分公式.

在区间$[a,b]$上给定节点及其函数值，则可以利用插值多项式构造插值型求积公式，如梯形公式、Simpson 公式和 Cotes 公式等. 这些求积公式代数精度有限，为减少求积公式在区间$[a,b]$的截断误差，往往采用复化求积公式，就是把区间$[a,b]$进行 n 等分，在每个小区间上使用梯形公式、Simpson 公式或 Cotes 公式，再将其结果加起来. 但复化求积公式无法根据指定精度要求合理划分区间份数，故讨论了变步长求积公式. 在研究复化梯形公式、复化 Simpson 公式及复化 Cotes 公式的余项后，推导得到 Romberg 求积公式，其计算量少，且精度高. Gauss 求积公式是希望确定求积节点和求积系数，使求积公式的代数精度达到 $2n+1$ 次，但高斯点的确定较为复杂.

类似地，可以将插值多项式近似 $f(x)$，对应得到插值型数值微分公式，利用公式可以近似计算在指定节点上的 $f'(x)$，$f''(x)$，甚至更高阶导数的近似值.

本章知识图谱如图 6.3 所示：

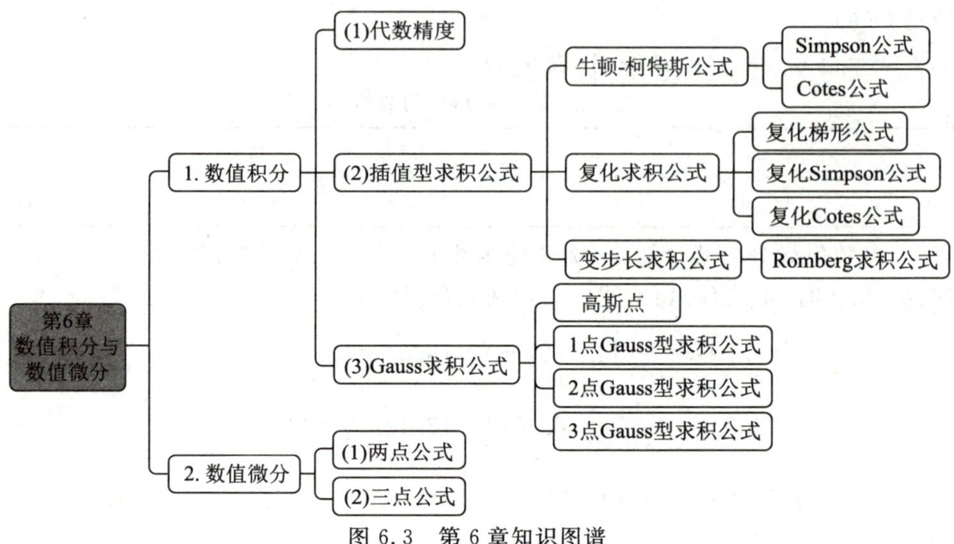

图 6.3　第 6 章知识图谱

习题 6

6.1　确定求积公式的待定参数，使其代数精度尽量高，并指明确定的求积公式具有的代数精度.

(1) $\int_{-h}^{h} f(x)\mathrm{d}x \approx Af(-h) + Bf(x_1)$

(2) $\int_{-2h}^{2h} f(x)\mathrm{d}x \approx Af(-h) + Bf(0) + Cf(h)$

(3) $\int_{0}^{1} xf(x)\mathrm{d}x \approx Af\left(\frac{1}{2}\right) + Bf(1)$

(4) $\int_{-1}^{1} f(x)\mathrm{d}x \approx A[f(-1) + f(1)] + B\left[f\left(-\frac{1}{2}\right) + f\left(\frac{1}{2}\right)\right]$

6.2　给定数据如下(表 6.6)：

表 6.6　数据表

x_i	1.8	2.0	2.2	2.4	2.6
$f(x_i)$	3.1	4.5	6.2	8.5	10.3

分别利用梯形公式、Simpson 公式和 Cotes 公式计算积分 $I = \int_{1.8}^{2.6} f(x)\mathrm{d}x$ 的近似值.

6.3　将区间[0,1]进行 4 等分后，分别用复化梯形公式和复化 Simpson 公式计算定积分 $\int_{0}^{1} \frac{x}{1+x}\mathrm{d}x$ 的值.

6.4　已知我国第一颗人造地球卫星轨道是一个椭圆，其椭圆周长的计算公式为

$$l = 4a\int_{0}^{\frac{\pi}{2}} \sqrt{1 - \left(\frac{c}{a}\right)^2 \sin\theta}\,\mathrm{d}\theta$$

式中，$a=7782.5$ km，$c=972.5$ km. 现将区间 $\left[0, \frac{\pi}{2}\right]$ 8 等分，试用复化梯形公式计算其周

长 l.

6.5　如果 $f''(x)>0$，证明用复化梯形公式计算积分 $I=\int_a^b f(x)\mathrm{d}x$ 所得结果比准确值大，并说明其几何意义.

6.6　利用变步长梯形公式计算 $\ln 3=\int_1^3 \frac{1}{x}\mathrm{d}x$ 的近似值(要求计算到 T_4).

6.7　利用 Romberg 求积公式计算 $\ln 3=\int_1^3 \frac{1}{x}\mathrm{d}x$ 的近似值(要求计算到 R_1).

6.8　用三个节点的 Gauss 求积公式计算积分 $I=\int_{\frac{1}{2}}^{\frac{\sqrt{3}}{2}} \frac{1}{\sqrt{1-x^2}}\mathrm{d}x$.

6.9　试确定常数 A,B,C 和 x_1，使得数值求积公式 $\int_0^1 f(x)\mathrm{d}x \approx Af(0)+Bf(x_1)+Cf(1)$ 具有尽可能高的代数精度. 此时的代数精度是多少?它是否是 Gauss 型公式?

6.10　**证明**：插值型求积公式 $\int_a^b f(x)\mathrm{d}x \approx \sum_{k=0}^{n} a_k f(x_k)$ 中的求积系数 a_k 可表示为 $a_k=\int_a^b l_k(x)\mathrm{d}x$，其中 $l_i(x)$ 是 n 次 Lagrange 插值基函数.

6.11　用三点 Gauss-Legendre 求积公式计算积分 $I=\int_1^3 \frac{1}{x}\mathrm{d}x$.

6.12　判别下列求积公式是否是插值型的，并指出其代数精度：

$$\int_0^3 f(x)\mathrm{d}x \approx \frac{3}{2}[f(1)+f(2)]$$

第 7 章　常微分方程的数值解法

包含自变量、未知函数及未知函数的导数或微分的方程叫微分方程. 在求解微分方程时，必须附加某种定解条件，微分方程和定解条件一起组成定解问题. 定解条件一般有两种：一种是给出积分曲线在初始时刻的性态，这类条件称为初始条件，相应的问题就是初值问题；另一种是给出积分曲线在首末两端的性态，这类条件称为边界条件，相应的问题就是边值问题.

未知函数为一元函数的微分方程称为常微分方程，未知函数为多元函数，从而含有多元偏导数的方程称为偏微分方程. 微分方程中各阶导数的最高阶数是微分方程的阶. 本章介绍一阶常微分方程的初值问题

$$\begin{cases} y'=f(x,y) \\ y(x_0)=y_0 \end{cases}$$

的数值解法.

求微分方程初值问题的数值解是寻找解函数 $y(x)$ 的近似值. 故总是假设解函数 $y(x)$ 在区间 $[a,b]$ 存在且唯一，并且具有充分的光滑度，因此，要求 $f(x,y)$ 也充分光滑，譬如关于 y 满足利普希茨(Lipshitz)条件，以保证初值问题的解存在且唯一.

虽然求解常微分方程有各种各样的解析方法，但解析方法只能解一些特殊类型的常微分方程，求解从实际问题中提炼出来的微分方程主要靠数值解法. 即使用解析方法得到解析解，也常用数值方法得到数值解. 例如，方程

$$\begin{cases} y'=1-2xy \\ y(0)=0 \end{cases}$$

其解为 $y=e^{-x^2}\int_0^x e^{x^2}\,dx$，为了具体计算函数值 y，通常需要用数值积分的方法，如果需要计算许多点处的 y 值，则用数值积分方法的计算量也可能很大. 再如，方程

$$\begin{cases} y'=y \\ y(0)=1 \end{cases}$$

其解为 $y=e^x$，虽然有表可查，但对于表上没有给出的 e^x 值，仍需要用插值法来计算.

当在实际问题中得到的微分方程初值问题求不出解析解的表达式时，求其近似解. 求初值问题的近似解的一类数值方法是离散变量法，即采用步进的方式求出微分方程的解 $y(x)$ 在存在区间 $[a,b]$ 上的离散点列 $x_n=x_{n-1}+h_n$，$n=1,2,\cdots,N$ 处的近似值 y_n，即数值方法给出解在一些离散点上的近似值. 这里 h_n 是 x_{n-1} 到 x_n 的步长，均为正数，一般来说，在计算过程中可以改变，但为了叙述方便，假设 h_n 不变，记为 h，称为等距步长.

这样把一个连续型问题转化为一个离散型问题的过程称为离散化过程. 离散化过程是把连续的微分方程初值问题转化为一个离散的差分方程初值问题，然后将求差分方程初值问题的解 y_n 作为微分方程初值问题的解 $y(x)$ 在 $x=x_n$ 处的值 $y(x_n)$ 的近似值. 这样的离散变量法称为差分方法，对应的离散方程称为差分方程或差分格式.

常微分方程初值问题的数值解法一般分为以下两大类：

①单步法：单步法是在计算 y_{n+1} 时，只用到 x_{n+1}，x_n 和 y_n，得到一步的值. 因此，有了初值以后就可以逐步往下计算，其代表就是 Runge-Kutta(龙格-库塔)方法.

②多步法：多步法是在计算 y_{n+1} 时，除了用到 x_{n+1}，x_n 和 y_n，还要用到 x_{n-p}，y_{n-p}，$p=1,2,\cdots,k$，即前面 k 步的值，其代表是亚当斯法.

7.1　Euler(欧拉)方法

Euler 方法是常微分方程初值问题数值方法中最简单的一种方法. 其精度不高，所以实际计算中很少直接使用. 但这里仍需详细介绍，因为 Euler 方法比较容易理解，并能以此为基础，进一步学习更复杂的方法，理清相应特征.

Euler 方法

7.1.1　Euler 公式

7.1.1.1 公式推导

初值问题

$$\begin{cases} y'=f(x,y) \\ y(x_0)=y_0 \end{cases} \tag{7.1}$$

的解 $y=y(x)$ 是通过点 $P_0(x_0,y_0)$ 的一条曲线，称之为微分方程的积分曲线. 积分曲线上每一点 (x,y) 的切线斜率 $y'(x)$ 等于函数 $f(x,y)$ 在该点的值.

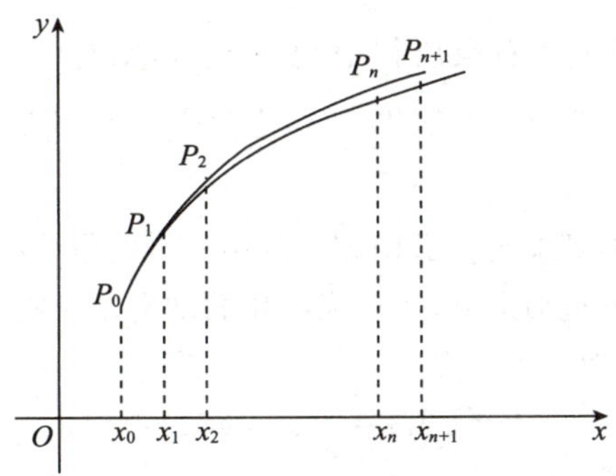

图 7.1　Euler 方法的几何意义

Euler 方法是从初始点 $P_0(x_0,y_0)$ 出发，做切线 $y'(x_0)$，与 $x=x_1$ 交于 $P_1(x_1,y_1)$ 点，用 y_1 作为曲线 $y(x)$ 上的点 $(x_1,y(x_1))$ 的纵坐标 $y(x_1)$ 的近似值. 再从 P_1 做切线 $y'(x_1)$，与 $x=x_2$ 交于点 $P_2(x_2,y_2)$，用 y_2 作为曲线 $y(x)$ 上的点 $(x_2,y(x_2))$ 的纵坐标 $y_2(x)$ 的近似值. 这样下去便可做出一条折线 $\overline{P}_0\overline{P}_1\overline{P}_2\cdots$. 设已做出折线的顶点为 P_n，再从 P_n 做切线

$y'(x_n)$，推进到 $P_{n+1}(x_{n+1},y_{n+1})$.

过点(x_0,y_0)做以 $y'(x_0)=f(x_0,y_0)$为切线斜率的方程

$$y=y_0+f(x_0,y_0)(x-x_0)$$

当 $x=x_1$时，得 $y_1=y_0+f(x_0,y_0)(x_1-x_0)$，取 $y(x_1)\approx y_1$. 过点(x_1,y_1)做以 $y'(x_1)=f(x_1,y_1)$为切线斜率的方程

$$y=y_1+f(x_1,y_1)(x-x_1)$$

当 $x=x_2$时，得 $y_2=y_1+f(x_1,y_1)(x_2-x_1)$，取 $y(x_2)\approx y_2$.

一般地，过点(x_n,y_n)做以 $y'(x_n)=f(x_n,y_n)$为切线斜率的方程

$$y=y_n+f(x_n,y_n)(x-x_n)$$

当 $x=x_{n+1}$时，得

$$y_{n+1}=y_n+f(x_n,y_n)(x_{n+1}-x_n)$$

取 $y(x_{n+1})\approx y_{n+1}$. 这样，就可以从 x_0点出发逐个算出 $x_1,x_2,\cdots,x_n$对应的数值解.

因此，Euler 方法的几何意义就是用一条初始点与积分曲线重合的折线来近似表示微分方程的解(积分曲线) $y=y(x)$.

一般取 $x_{n+1}-x_n=h$(常数)，则 Euler 方法的计算公式

$$\begin{cases} y_{n+1}=y_n+hf(x_n,y_n) \\ x_n=x_0+nh, n=0,1,\cdots \end{cases} \tag{7.2}$$

称为 Euler 公式，它还可以通过以下三种方式推导得到.

7.1.1.2 泰勒展开法

将 $y(x_{n+1})$在 x_n处做二阶泰勒展开

$$y(x_{n+1})=y(x_n+h)=y(x_n)+hy'(x_n)+\frac{h^2}{2!}y''(\xi_n)$$

式中，$x_n\leqslant\xi_n\leqslant x_{n+1}$. 当 h 充分小时，忽略高次项$\frac{h^2}{2!}y''(\xi_n)=O(h^2)$，得

$$y(x_{n+1})=y(x_n)+hy'(x_n)=y(x_n)+hf(x_n,y_n)$$

用近似值 y_n代替 $y(x_n)$，把上式右端所得值记为 y_{n+1}，则有

$$y_{n+1}=y_n+hf(x_n,y_n), n=0,1,\cdots$$

7.1.1.3 数值微分法

对微分方程包括的导数(或微分)，数值解法的第一步就是设法消除其导数项，这个过程称为离散化. 由于差分是微分的近似运算，实现离散化的基本途径就是用差商代替导数.

在 x_n点处的微分方程为

$$y'(x_n)=f(x_n,y(x_n))$$

用差商$\frac{y(x_{n+1})-y(x_n)}{h}$代替其中的导数项 $y'(x_n)$，则有

$$y(x_{n+1})=y(x_n)+hf(x_ny(x_n))$$

用近似值 y_n代入上式右端 $y(x_n)$，把计算结果记为 y_{n+1}，则导出的计算公式

$$y_{n+1}=y_n+hf(x_n,y_n), n=0,1,\cdots$$

就是从数值微分导出来的 Euler 公式.

7.1.1.4 数值积分法

将微分方程 $y'(x)=f(x,y)$ 两端从 x_n 到 x_{n+1} 积分，有

$$\int_{x_n}^{x_{n+1}} y'(x)\mathrm{d}x = \int_{x_n}^{x_{n+1}} f(x,y(x))\mathrm{d}x$$

$$y(x_{n+1}) = y(x_n) + \int_{x_n}^{x_{n+1}} f(x,y(x))\mathrm{d}x \tag{7.3}$$

要通过这个积分关系获得 $y(x_{n+1})$ 的近似值，只要近似地算出其中的积分项 $\int_{x_n}^{x_{n+1}} f(x,y(x))\mathrm{d}x$，而选用不同的计算方法计算这个积分项，就会得到不同的差分格式.

用左矩形公式计算积分项，可得

$$\int_{x_n}^{x_{n+1}} f(x,y(x))\mathrm{d}x \approx hf(x_n,y(x_n))$$

代入式(7.3)，并离散化，可推导 Euler 公式

$$y_{n+1}=y_n+hf(x_n,y_n),n=0,1,\cdots$$

既然用左矩形公式可以近似代替积分项，那右矩形、中矩形呢？答案是肯定的. 我们可以用不同的方法离散化得到不同的递推式，在后续章节会对应给出. 此外，由于数值积分的矩形方法精度很低，故 Euler 方法也很粗糙.

根据 Euler 公式的递推式(7.2)，用 MATLAB 不难编写如下计算函数：

Euler.m 文件

```
function[ S ]=Euler(fun,a,b,N,y0)
%Euler 方法,单步,显式方法
%fun 微分方程的 f(x,y)
%a 区间左端点
%b 区间右端点
%N 整数,区间[a,b]分成 N 份
%y0 初始条件

S=[]; %存放每一步计算结果
h=(b-a)/N; %步长
x=a;
y=y0;

for I=1:N
    y=y+h*fun(x,y);
    S=[S,y];
    X=x+h;
end

end
```

例 7-1 用 Euler 方法解常微分方程的初值问题：

$$\begin{cases} y'=y-\dfrac{2x}{y},x\in[0,1] \\ y(0)=1 \end{cases}$$

解:Euler 公式为

$$y_{n+1}=y_n+hf(x_n,y_n)=y_n+h\left(y_n-\frac{2x_n}{y_n}\right),x\in[0,1]$$

取步长 $h=0.1$,有：

当 $n=0$ 时，

$$y_1=y_0+h\left(y_0-\frac{2x_0}{y_0}\right)=1+0.1\left(1-\frac{2\times 0}{1}\right)=1.1000$$

当 $n=1$ 时，

$$y_2=y_1+h\left(y_1-\frac{2x_1}{y_1}\right)=1.1+0.1\left(1.1-\frac{2\times 0.1}{1.1}\right)=1.1918$$

依次递推下去，可得表 7.1 中的 y_n列.

根据常微分方程知识，不难求解出该常微分方程初值问题的解析解为 $y=\sqrt{1+2x}$，将 $x=0.1,0.2,\cdots,1.0$ 代入可得表中 $y(x_n)$列. 不难发现 Euler 方法在逐步递推的过程中，其近似值与精确值之间的偏差越来越大，这是误差逐步累积导致的.

表 7.1 Euler 方法计算结果

x_n	y_n	$y(x_n)$	x_n	y_n	$y(x_n)$
0.1	1.1000	1.0954	0.6	1.5090	1.4832
0.2	1.1918	1.1832	0.7	1.5803	1.5492
0.3	1.2774	1.2649	0.8	1.6498	1.6125
0.4	1.3582	1.3416	0.9	1.7178	1.6733
0.5	1.4351	1.4142	1.0	1.7848	1.7321

我们利用上述 Euler 函数计算例 7-1,可以先编写如下 fun 函数文件：

fun.m 文件

```
function[ dy ]=fun(x,y)
% fun 函数,求变量 x,y 对应的函数值 z
% x,y  自变量
% dy  函数的因变量

dy=y-2 * x/y; % 微分方程中 f(x,y)

end
```

然后在命令窗口输入如下命令，得到计算结果：

```
>>[ S ]=Euler(@fun,0,1,10,1)

S=

  1 至 6 列

    1.1000    1.1918    1.2774    1.3582    1.4351    1.5090

  7 至 10 列

    1.5803    1.6498    1.7178    1.7848
```

7.1.2　隐式 Euler 公式和两步 Euler 公式

7.1.2.1　隐式(后退) Euler 公式

设改用向后差商$\frac{1}{h}[y(x_{n+1})-y(x_n)]$替代方程 $y'(x_{n+1})=f(x_{n+1},y(x_{n+1}))$中的导数项 $y'(x_{n+1})$，并离散化，可得下列格式

$$y_{n+1}=y_n+hf(x_{n+1},y_{n+1}) \tag{7.4}$$

称为后退 Euler 公式，它与 Euler 公式有着本质区别，Euler 公式(7.2)是关于 y_n 的一个直接算式，这类公式称为显式的，而式(7.4)的右端有未知的 y_{n+1}，它实际上是关于 y_{n+1} 的函数方程，这类公式称为隐式的. 因此，这个公式也称为隐式(后退) Euler 公式.

上述隐式 Euler 公式的推导用到了数值微分法中的向后差商，实际上也可以用数值积分法，将式(7.3)中的积分项用右矩形公式替代，就可同样得到式(7.4).

由于数值微分中的向前差商和向后差商公式具有同等精度，故可以预料，隐式 Euler 公式和 Euler 公式的精度相当，这在后续章节中会加以证明.

7.1.2.2　两步 Euler 公式

若使用中心差商$\frac{1}{2h}[y(x_{n+1})-y(x_{n-1})]$替代 $y'(x_n)=f(x_n,y(x_n))$中的导数项，并离散化可得

$$y_{n+1}=y_{n-1}+2hf(x_n,y_n)$$

无论是显式 Euler 公式还是隐式 Euler 公式都是单步法，其特点是计算 y_{n+1} 时只须用到前一步的信息 y_n. 然而上述推导出的公式，除了 y_n 以外，还用到更前一步的信息 y_{n-1}，即调用了前面两步的信息，因此该公式称为两步 Euler 公式. 后续章节会证明两步 Euler 公式较显式 Euler 公式、隐式 Euler 公式具有更高的精度.

7.1.3 改进的 Euler 方法

7.1.3.1 梯形法

在式(7.3)中，用左矩形公式替代积分项可得 Euler 公式，用右矩形公式替代积分项可得隐式 Euler 公式，甚至可以使用中矩形公式替代积分项. 那如果使用梯形公式替代积分项，会是什么情况呢?

利用梯形公式计算积分，有

$$\int_{x_n}^{x_{n+1}} f[x, y(x)]\mathrm{d}x \approx \frac{h}{2}\{f[x_n, y(x_n)] + f[x_{n+1}, y(x_{n+1})]\}$$

式中，$h = x_{n+1} - x_n$，将其代入式(7.3)，得

$$y(x_{n+1}) = y(x_n) + \frac{h}{2}\{f[x_n, y(x_n)] + f[x_{n+1}, y(x_{n+1})]\}$$

将 $y(x_n), y(x_{n+1})$ 分别用 y_n, y_{n+1} 替代，可得如下计算公式

$$y_{n+1} = y_n + \frac{h}{2}[(f(x_n, y_n) + f(x_{n+1}, y_{n+1})], n = 0, 1, \cdots \tag{7.5}$$

称为梯形公式. 可以发现，这是一个隐式公式，它是显式 Euler 公式与隐式 Euler 公式的算术平均. 类似地，用梯形公式求常微分方程数值解的方法称为梯形法，这是一个单步法. 后续章节会证明梯形公式的精度比显式 Euler 公式与隐式 Euler 公式高.

7.1.3.2 改进的 Euler 公式

Euler 公式是一个显式算法，且计算量小，但精度低. 梯形公式则提高了精度，但它是一个隐式算法，需要迭代求解，计算量大.

实际计算时，可以将二者结合使用，先用 Euler 公式计算出 $\overline{y}_{n+1}$，该值称为预报值，预报值精度不高，用 $\overline{y}_{n+1}$ 替代梯形公式右端的 y_{n+1}，并直接计算出 y_{n+1}，称之为校正值，这时得到预报-校正公式

$$\begin{cases} \overline{y}_{n+1} = y_n + hf(x_n, y_n) \\ y_{n+1} = y_n + \dfrac{h}{2}[f(x_n, y_n) + f(x_{n+1}, \overline{y}_{n+1})] \end{cases} \tag{7.6}$$

将其称为改进的 Euler 公式. 这是一种一步显式格式，它可以表示为嵌套形式

$$y_{n+1} = y_n + \frac{h}{2}\{f(x_n, y_n) + f[x_{n+1}, y_n + hf(x_n, y_n)]\} \tag{7.7}$$

或表示成下列平均化形式

$$\begin{cases} y_p = y_n + hf(x_n, y_n) \\ y_c = y_n + hf(x_{n+1}, y_p) \\ y_{n+1} = \dfrac{1}{2}(y_p + y_c) \end{cases} \tag{7.8}$$

根据改进的 Euler 公式的递推式(7.8)，用 MATLAB 不难编写如下计算函数：

ImprovedEuler.m 文件

```
function[ S ]=ImprovedEuler(fun,a,b,N,y0)
% ImprovedEuler 方法,单步,显式方法
% fun 常微分方程 f(x,y)
% a 区间左端点 % b 区间右端点
% N 整数,区间[a,b]分成 N 份
% y0 初始条件

S=[]; % 存放每一步计算结果
h=(b-a)/N; % 步长
x=a;
y=y0;

for I=1:N
    yp=y+h*fun(x,y);
    yc=y+h*fun(x+h,yp);
    y=(yc+yp)/2;
    x=x+h;
    S=[S,y];
end

end
```

例 7-2　用改进的 Euler 方法求解常微分方程的初值问题

$$\begin{cases} y'=y-\dfrac{2x}{y},x\in[0,1] \\ y(0)=1 \end{cases}$$

解:改进的 Euler 公式为

$$\begin{cases} y_{\mathrm{p}}=y_n+h\left(y_n-\dfrac{2x_n}{y_n}\right) \\ y_{\mathrm{c}}=y_n+h\left(y_{\mathrm{p}}-\dfrac{2x_{n+1}}{y_{\mathrm{p}}}\right) \\ y_{n+1}=\dfrac{1}{2}(y_{\mathrm{p}}+y_{\mathrm{c}}) \end{cases}$$

取步长 $h=0.1$,则 $x_n=x_0+nh,n=0,1,\cdots$,代入上述公式递推可得表 7.2 的y_n列,而$y(x_n)$列仍然是这个常微分方程的解析解 $y=\sqrt{1+2x}$在 $x=0.1,0.2,\cdots,1$ 时的精确值.不难发现,改进的 Euler 公式在逐步递推的过程中,其近似值与精确值之间的偏差在不断扩大,但对比例 7-1 中 Euler 公式的计算结果,改进的 Euler 公式的误差小得多,这说明了改进的 Euler 公式的精度更高.

表 7.2　改进的 Euler 方法计算结果

x_n	y_n	$y(x_n)$	x_n	y_n	$y(x_n)$
0.1	1.0959	1.0954	0.6	1.4860	1.4832
0.2	1.1841	1.1832	0.7	1.5525	1.5492
0.3	1.2662	1.2649	0.8	1.6165	1.6125
0.4	1.3434	1.3416	0.9	1.6782	1.6733
0.5	1.4164	1.4142	1.0	1.7379	1.7321

我们利用上述 ImprovedEuler 函数计算例 7-2，可以先编写如下 fun 函数文件：

fun.m 文件

```
function[ dy ]=fun(x,y)
% fun 函数，求变量 x,y 对应的函数值 z
% x,y  自变量
% dy  函数的因变量

dy=y-2*x/y;   % 微分方程中 f(x,y)

end
```

然后在命令窗口输入如下命令，得到计算结果：

```
>>[S]=ImprovedEuler(@fun,0,1,10,1)
S=

  1 至 6 列

    1.0959    1.1841    1.2662    1.3434    1.4164    1.4860

  7 至 10 列

    1.5525    1.6165    1.6782    1.7379
```

7.1.4　局部截断误差和阶

为了提高微分方程数值解法的精度，引入局部截断误差和阶数的概念.

7.1.4.1　局部截断误差和阶的定义

定义 7-1　假设第 n 步是准确的，即 $y(x_n)=y_n$，用数值方法计算 y_{n+1} 的误差

$$y(x_{n+1})-y_{n+1}$$

称为该数值方法计算 y_{n+1} 的局部截断误差.

由于实际上 y_n 不是准确值，因此它的误差会传播下去. 实际计算时，每一步都可能产生舍入误差.

定义 7-2　若数值方法的局部截断误差为 $O(h^{p+1})$，p 为正整数，则称这种数值方法的阶数是 p.

步长 $h<1$，因此 p 越高，局部截断误差越小，计算精度越高.

7.1.4.2　Euler 公式的局部截断误差和阶

对于 Euler 公式，假设 $y(x_n)=y_n$，则有

$$y_{n+1}=y_n+hf(x_n,y_n)=y(x_n)+hy'(x_n)$$

而按二阶泰勒公式

$$y(x_{n+1})=y(x_n)+hy'(x_n)+\frac{1}{2}y''(\xi)h^2,x_n<\xi<x_{n+1}$$

两式相减，有

$$y(x_{n+1})-y_{n+1}=\frac{h^2}{2}y''(\xi)=O(h^2)$$

因此，Euler 公式的局部截断误差是 $O(h^2)$，故公式是一阶的，Euler 方法是一阶方法.

7.1.4.3　隐式 Euler 公式的局部截断误差和阶

由隐式 Euler 公式 $y_{n+1}=y_n+hf(x_{n+1},y_{n+1})$，得

$$y_{n+1}=y(x_n)+hy'(x_{n+1})$$

而按二阶泰勒公式

$$y(x_n)=y(x_{n+1})-hy'(x_{n+1})+\frac{1}{2}y''(\xi)h^2,x_n<\xi<x_{n+1}$$

两式相减，所以有

$$y(x_{n+1})-y_{n+1}=-\frac{1}{2}y''(\xi)h^2=O(h^2)$$

因此，隐式 Euler 公式的局部截断误差是 $O(h^2)$，故公式是一阶的，隐式 Euler 方法是一阶方法.

7.1.4.4　两步 Euler 公式的局部截断误差和阶

两步 Euler 公式为 $y_{n+1}=y_{n-1}+2hf(x_n,y_n)$，将 $y(x_{n+1})$ 和 $y(x_{n-1})$ 按三阶泰勒公式展开

$$\begin{aligned}y(x_{n+1})&=y(x_n+h)\\&=y(x_n)+hy'(x_n)+\frac{h^2}{2!}y''(x_n)+\frac{h^3}{3!}y'''(\xi_1),x_n<\xi_1<x_{n+1}\\y(x_{n-1})&=y(x_n-h)\\&=y(x_n)-hy'(x_n)+\frac{h^2}{2!}y''(x_n)-\frac{h^3}{3!}y'''(\xi_2),x_{n-1}<\xi_2<x_n\end{aligned}$$

上两式相减，可得

$$y(x_{n+1})-y(x_{n-1})=2hy'(x_n)+\frac{h^3}{3}y'''(\xi),x_{n-1}<\xi<x_{n+1}$$

所以，

$$y(x_{n+1})=y(x_{n-1})+2hy'(x_n)+\frac{h^3}{3}y''(\xi)$$

设 $y_n=y(x_n)$，$y_{n-1}=y(x_{n-1})$，且前两步是准确的，则上式为

$$y(x_{n+1})=y_{n-1}+2hf(x_n,y_n)+\frac{h^3}{3}y'''(\xi)$$

与

$$y_{n+1}=y_{n-1}+2hf(x_n,y_n)$$

相比较，有

$$y(x_{n+1})-y_{n+1}=\frac{h^3}{3}y'''(\xi)$$

所以两步 Euler 公式的局部截断误差是 $O(h^3)$，它是一个二阶方法.

7.1.4.5 改进的 Euler 公式的局部截断误差和阶

假设 $y_i=y(x_i)$，解函数在 $x=x_i$ 处的泰勒公式为

$$\begin{aligned}y(x_{i+1})&=y(x_i)+y'(x_i)h+\frac{1}{2}y''(x_i)h^2+O(h^3)\\&=y_i+hf(x_i,y_i)+\frac{1}{2}h^2[f_x(x_i,y_i)+f_y(x_i,y_i)f(x_i,y_i)]+O(h^3)\end{aligned}$$

在改进的 Euler 公式中

$$y_{i+1}=y_i+\frac{h}{2}[f(x_i,y_i)+f(x_{i+1},y_{i+1})]$$

设 $y_{i+1}=\varphi(h)$，则有 $\varphi(0)=y_i$，

$$\varphi(h)=y_i+\frac{h}{2}\{f(x_i,y_i)+f[x_i+h,\varphi(h)]\}$$

求出在 $h=0$ 处的泰勒公式，整理后得

$$h[\varphi'(0)-f(x_i,y_i)]+\frac{1}{2}h^2[\varphi''(0)-f_x(x_i,y_i)-f_y(x_i,y_i)\varphi'(0)]+O(h^3)=0$$

上式 h 和 h^2 项的乘数应为零，于是

$$\begin{aligned}&\varphi'(0)=f(x_i,y_i)=y'(x_i)\\&\varphi''(0)=f_x(x_i,y_i)+f_y(x_i,y_i)f(x_i,y_i)=y''(x_i)\end{aligned}$$

于是

$$y_{i+1}-y(x_{i+1})=\varphi(h)-y(x_{i+1})=\left[\varphi(0)+h\varphi'(0)+\frac{h^2}{2}\varphi''(0)+O(h^3)\right]-\left\{y_i+hf(x_i,y_i)+\frac{h^2}{2}[f_x(x_i,y_i)+f_y(x_i,y_i)f(x_i,y_i)]+O(h^3)\right\}=O(h^3)$$

因而改进的 Euler 方法是一个二阶方法.

7.2 Runge-Kutta(龙格-库塔)方法

7.2.1 基本思路

龙格-库塔法

常微分方程初值问题

$$\begin{cases}y'=f(x,y)\\y(x_0)=y_0\end{cases}$$

等价于

$$y(x_{n+1}) = y(x_n) + \int_{x_n}^{x_{n+1}} f[x, y(x)]\mathrm{d}x$$
$$= y(x_n) + hf[x_n + \theta h, y(x_n + \theta h)], 0 < \theta < 1$$

Runge-Kutta 方法的基本思路是用 $f(x,y)$ 在几个不同点的数值加权平均代替 $f[x_n+\theta h, y(x_n+\theta h)]$ 的值，而使截断误差的阶数尽可能高，也就是说，取不同点的斜率加权平均作为平均斜率，从而提高方法的阶数. 这样，Runge-Kutta 方法既避免了求函数 $f(x,y)$ 的高阶导数，又保留了泰勒展开法所具有的高阶局部截断误差.

下面通过 Euler 公式和改进的 Euler 公式来说明 Runge-Kutta 方法的基本思路.

Euler 公式(7.2)可以写成

$$\begin{cases} y_{n+1} = y_n + hk_1 \\ k_1 = f(x_n, y_n) \end{cases}$$

计算 y_{n+1} 时需要调用一次函数 $f(x,y)$，其局部截断误差为 $O(h^2)$，有一阶精度.

改进的 Euler 公式(7.8)可以写成

$$\begin{cases} y_{n+1} = y_n + \dfrac{h}{2}(k_1 + k_2) \\ k_1 = f(x_n, y_n) \\ k_2 = f(x_n + h, y_n + hk_1) \end{cases}$$

计算 y_{n+1} 时需要两个斜率 k_1 和 k_2，即调用两次函数 $f(x,y)$，其局部截断误差为 $O(h^3)$，有二阶精度. 这就是二阶显式 Runge-Kutta 方法.

这两组公式在形式上有一个共同的特点：都是用 $f(x,y)$ 在某些点上的函数值的线性组合得出 $y(x_{n+1})$ 的近似值 y_{n+1}. 增加调用 $f(x,y)$ 的次数，可提高精度的阶数. 或者说，在区间 $[x_n, x_{n+1}]$ 这一步内多预报几个点的斜率值，然后将其加权平均作为平均斜率值，则可构造出具有更高精度的计算公式，这就是 Runge-Kutta 方法的基本思路.

7.2.2　二阶 Runge-Kutta 方法

考察 $[x_n, x_{n+1}]$ 内一点 $x_{n+p} = x_n + ph$，其中 $0 < p \leqslant 1$.

用 x_n，x_{n+p} 点的斜率 k_1，k_2 加权平均，得平均斜率，即

$$y_{n+1} = y_n + h[(1-\lambda)k_1 + \lambda k_2]$$

式中，λ 为待定系数. 取 $k_1 = f(x_n, y_n)$，$k_2 = f(x_{n+p}, y_{n+p})$，先用 Euler 方法提供 $y(x_{n+p})$ 的预报值 y_{n+p}，即 $y_{n+p} = y_n + phk_1$，因此

$$k_2 = f(x_{n+p}, y_{n+p}) = f(x_n + ph, y_n + phk_1)$$

这样可得计算公式

$$\begin{cases} y_{n+1} = y_n + h[(1-\lambda)k_1 + \lambda k_2] \\ k_1 = f(x_n, y_n) \\ k_2 = f(x_n + ph, y_n + phk_1) \end{cases}$$

式中，含有 λ，p 两个待定参数，这个公式称为二阶 Runge-Kutta 公式.

下面选取合适的 λ，p 值，使二阶 Runge-Kutta 公式具有尽可能高的精度.

仍假定 $y_n = y(x_n)$，则有

$$
\begin{aligned}
k_1 &= f(x_n, y_n) = y'(x_n) \\
k_2 &= f(x_n + ph, y_n + phk_1) \\
&= f(x_n, y_n) + ph[f_x(x_n, y_n) + f(x_n, y_n) f_y(x_n, y_n)] + O(h^2) \\
&= y'(x_n) + phy''(x_n) + O(h^2)
\end{aligned}
$$

这时,有

$$y_{n+1} = y(x_n) + hy'(x_n) + \lambda ph^2 y''(x_n) + O(h^3)$$

和 $y(x_{n+1})$的泰勒展开式

$$y(x_{n+1}) = y(x_n) + hy'(x_n) + \frac{1}{2}h^2 y''(x_n) + O(h^3)$$

比较,从而可得构造二阶 Runge-Kutta 方法所需条件

$$\lambda p = \frac{1}{2}$$

此为不定方程,有无穷多个解.

当取 $p=1, \lambda=\frac{1}{2}$,得

$$
\begin{cases}
y_{n+1} = y_n + \frac{h}{2}(k_1 + k_2) \\
k_1 = f(x_n, y_n) \\
k_2 = f(x_n + h, y_n + hk_1)
\end{cases}
$$

这就是改进的 Euler 公式,这表明它是二阶 Runge-Kutta 公式的一个特例.

当取 $p=\frac{1}{2}, \lambda=1$,得

$$
\begin{cases}
y_{n+1} = y_n + hk_2 \\
k_1 = f(x_n, y_n) \\
k_2 = f(x_n + \frac{h}{2}, y_n + \frac{h}{2}k_1)
\end{cases}
$$

这个公式称为中点公式,它也是二阶 Runge-Kutta 公式的一个特例,并且和改进的 Euler 公式一样具有二阶精度.

7.2.3 经典 Runge-Kutta 方法

二阶 Runge-Kutta 方法是由区间$[x_k, x_{k+1}]$内的两个不同点上的函数值的线性组合构成的,用区间$[x_k, x_{k+1}]$内的 3 个不同点上的函数值的线性组合就得到三阶 Runge-Kutta 方法,同理,用区间$[x_k, x_{k+1}]$内的 4 个不同点上的函数值的线性组合就得到四阶 Runge-Kutta 方法.

四阶 Runge-Kutta 方法的一般形式:

$$
\begin{cases}
y_{n+1} = y_n + h(\lambda_1 k_1 + \lambda_2 k_2 + \lambda_3 k_3 + \lambda_4 k_4) \\
k_1 = f(x_n, y_n) \\
k_2 = f(x_n + p_1 h, y_n + p_1 q_{11} hk_1) \\
k_3 = f(x_n + p_2 h, y_n + p_2 q_{21} hk_1 + p_2 q_{22} hk_2) \\
k_4 = f(x_n + p_3 h, y_n + p_3 q_{31} hk_1 + p_3 q_{32} hk_2 + p_3 q_{33} hk_3)
\end{cases}
$$

式中，$\lambda_1+\lambda_2+\lambda_3+\lambda_4=1$，$\lambda_1$，$\lambda_2$，$\lambda_3$，$\lambda_4$，$p_1$，$p_2$，$p_3$，$q_{11}$，$q_{21}$，$q_{22}$，$q_{31}$，$q_{32}$，$q_{33}$均为待定系数.

仿照二阶 Runge-Kutta 方法的讨论，为使该方法的精度尽可能高，可计算一些关于待定系数必须满足的约束条件. 其中经典 Runge-Kutta 公式的系数满足这些约束条件：

$$\begin{cases} y_{n+1}=y_n+\dfrac{h}{6}(k_1+2k_2+2k_3+k_4) \\ k_1=f(x_n,y_n) \\ k_2=f(x_n+\dfrac{h}{2},y_n+\dfrac{h}{2}k_1) \\ k_3=f(x_n+\dfrac{h}{2},y_n+\dfrac{h}{2}k_2) \\ k_4=f(x_n+h,y_n+hk_3) \end{cases}$$

经典 Runge-Kutta 公式每一步要计算 4 次函数值 $f(x,y)$，具有四阶精度，局部截断误差是 $O(h^5)$. 它的精度较高，可满足一些工程计算的要求，通常就将其称为 Runge-Kutta 方法.

根据经典 Runge-Kutta 公式的计算逻辑，用 MATLAB 不难编写如下计算函数：

RungeKutta.m 文件

```
function[ S ]=RungeKutta(fun,a,b,N,y0)
%RungeKutta 方法,单步,显式方法
%fun 常微分方程的 f(x,y)
%a 区间左端点
%b 区间右端点
%N 整数,区间[a,b]分成 N 份
%y0 初始条件

S=[];%存放每一步计算结果
h=(b-a)/N;%步长
x=a;
y=y0;

for I=1:N
    k1=fun(x,y);
    k2=fun(x+h/2,y+h/2*k1);
    k3=fun(x+h/2,y+h/2*k2);
    k4=fun(x+h,y+h*k3);
    y=y+h/6*(k1+2*k2+2*k3+k4);
    S=[S,y];
    x=x+h;
end

end
```

例 7-3 写出经典 Runge-Kutta 方法求解常微分方程的初值问题：

$$\begin{cases} y'=-y+x+1 \\ y(0)=1 \end{cases}, x\in[0,1]$$

写出 y_{n+1} 的最终计算公式，并取步长 $h=0.2$，计算 $y(0.4)$ 的近似值.

解：由题意知 $f(x,y)=-y+x+1$，所以有

$$y_{n+1}=y_n+\frac{h}{6}(k_1+2k_2+2k_3+k_4)$$

$$k_1=f(x_n,y_n)=-y_n+x_n+1$$

$$\begin{aligned} k_2&=f\left(x_n+\frac{h}{2},y_n+\frac{h}{2}k_1\right) \\ &=-\left(y_n+\frac{h}{2}k_1\right)+\left(x_n+\frac{h}{2}\right)+1 \\ &=-y_n-\frac{0.2}{2}(-y_n+x_n+1)+x_n+\frac{0.2}{2}+1 \\ &=-0.9y_n+0.9x_n+1 \end{aligned}$$

$$\begin{aligned} k_3&=f\left(x_n+\frac{h}{2},y_n+\frac{h}{2}k_2\right) \\ &=-\left(y_n+\frac{h}{2}k_2\right)+\left(x_n+\frac{h}{2}\right)+1 \\ &=-y_n-\frac{0.2}{2}(-0.9y_n+0.9x_n+1)+x_n+\frac{0.2}{2}+1 \\ &=-0.91y_n+0.91x_n+1 \end{aligned}$$

$$\begin{aligned} k_4&=f(x_n+h,y_n+hk_3) \\ &=-(y_n+hk_3)+(x_n+h)+1 \\ &=-y_n-0.2(-0.91y_n+0.91x_n+1)+x_n+0.2+1 \\ &=-0.818y_n+0.818x_n+1 \end{aligned}$$

代入，有

$$y_{n+1}=y_n+\frac{h}{6}(k_1+2k_2+2k_3+k_4)\approx 0.818733y_n+0.181267x_n+0.2$$

由于 $y(0)=y_0=1$，取 $x_0=0,x_1=x_0+h=0.2$，取步长 $h=0.2$，有

$$y(0.2)\approx y_1=1.018733$$

$$y(0.4)\approx y_2=1.070324$$

事实上，我们没必要计算出 y_{n+1} 的最终递推式，仅需要根据经典 Runge-Kutta 公式逐步计算 k_1,k_2,k_3,k_4 的值，再加权得到 y_{n+1}，并且如此循环下去即可.

我们利用上述 RungeKutta 函数计算例 7-3，可以先编写如下 fun 函数文件：

fun.m 文件

```
function[ dy ]=fun(x,y)
% fun 函数,求变量 x,y 对应的函数值 z
```

```
%x,y  自变量
%dy  函数的因变量

dy=-y+x+1; %微分方程中 f(x,y)

end
```

然后在命令窗口输入如下命令，得到计算结果：

```
>>[ S ]=RungeKutta(@fun,0,1,10,1)

S=

 1 至 6 列

   1.0048    1.0187    1.0408    1.0703    1.1065  1.1488

 7 至 10 列

   1.1966    1.2493    1.3066    1.3679
```

7.2.4　MATLAB 中用 Runge-Kutta 法解常微分方程的函数

在 MATLAB 中，使用 Runge-Kutta 方法解常微分方程(ODE)可以通过几种不同的内置函数实现，最常见的是 ode45. ode45 是基于经典的 Runge-Kutta 方法(具体是 Runge-Kutta-Fehlberg 方法，也称为 RKF45)的求解器，非常适合用于一般的常微分方程求解.

(1) 定义微分方程

考虑一个简单的微分方程：

$$\frac{\mathrm{d}y}{\mathrm{d}t}=f(t,y)$$

可以创建一个名为 f 的函数文件，其中包含微分方程的右侧. 例如，对于方程 $\frac{\mathrm{d}y}{\mathrm{d}t}=y$，可以这样写：

```
function dydt=f(t,y)
    dydt=y;%  例如:dy/dt=y
end
```

(2) 使用 ode45 求解

如果想要从 $t=0$ 到 $t=10$，初始条件为 $y(0)=1$，求解常微分方程的数值解，可以这样调用：

```
[t,y]=ode45(@f,[0 10],1);
```

这里@f是指向微分方程函数的引用，[0 10]定义了时间范围，而 1 是初始条件. ode45 返回两个数组：t(时间点)和 y(对应时间点的解).

将上述步骤组合起来，完整的代码示例如下：

```
% 定义微分方程 f(t,y)
function dydt=f(t,y)
    dydt=y; % 例如:dy/dt=y
end

% 使用 ode45 求解
[t,y]=ode45(@f,[0 10],1);

% 绘制结果
plot(t,y);
xlabel('Time t');
ylabel('Solution y');
title('Solution of dy/dt=y');
```

本章小结

在科学与工程计算领域，常微分方程数值解法占据着关键地位，其目的是对各类无法获取精确解析解的常微分方程，借助数值手段给出近似解. 本章主要介绍了 Euler 方法和 Runge-Kutta 方法.

Euler 方法是基于差商近似导数的思想构建. Euler 公式通过已知点处的斜率预估下一点的值，虽然形式简单，但精度相对较低，仅为一阶精度. 隐式 Euler 公式则采用隐式格式，计算稳定性有所提升，但需迭代求解方程. 梯形公式结合前两者，将区间端点斜率取平均，精度达到二阶. 改进的 Euler 公式是 Euler 公式与梯形公式的结合.

Runge-Kutta 方法通过在区间内多个点处计算斜率并加权平均，以提高精度. 经典 Runge-Kutta 方法应用广泛，它在精度与计算复杂度之间取得了较好平衡，精度可达四阶. 在实际应用中，能够较为准确地处理多种类型的常微分方程，且对步长的适应性较强.

本章知识图谱如图 7.2 所示：

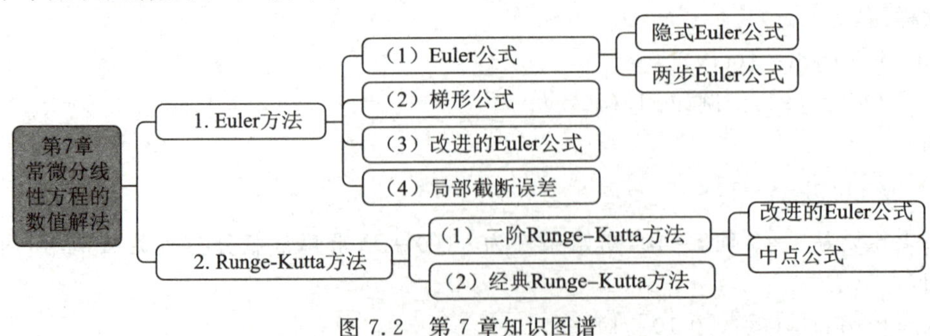

图 7.2　第 7 章知识图谱

习题 7

7.1　列出求解下列初值问题的 Euler 公式：

(1) $\begin{cases} y'+y+y^2\sin x=0 \\ y(1)=1 \end{cases}$　　$x\in[1,10]$

(2) $\begin{cases} y'=y-\dfrac{2x}{y} \\ y(0)=1 \end{cases}$　　$x\in[0,1]$

7.2　用 Euler 方法，取步长 $h=0.1$ 解初值问题，保留 4 位小数：

$$\begin{cases} y'=x^2+x-y \\ y(0)=0 \end{cases}\quad 0\leqslant x\leqslant 0.5$$

7.3　对于初值问题 $\begin{cases} y'=-y \\ y(0)=1 \end{cases}$，证明：用梯形公式求得的数值解为 $y_n=\left(\dfrac{2-h}{2+h}\right)^n$，证明当步长 $h\to 0$ 时，y_n 收敛于初值问题的精确解 $y(x)=\mathrm{e}^{-x}$.

7.4　对初值问题

$$\begin{cases} y'=x+2y \\ y(0)=1 \end{cases}$$

用改进的 Euler 方法，取步长 $h=0.1$，计算 $y(0.1)$，$y(0.2)$ 的近似值，要求保留小数点后 3 位.

7.5　用梯形公式解初值问题

$$\begin{cases} y'=2x^2 \\ y(0)=1 \end{cases},x\in[0,2]$$

取 $h=0.1$，数值解保留至小数点后 4 位.

7.6　对初值问题

$$\begin{cases} y'=2x-3y \\ y(0)=1 \end{cases}$$

取步长 $h=0.2$，用四阶经典 Runge-Kutta 方法求解初值问题，计算 $y(0.2)$，$y(0.4)$，保留 4 位小数.

7.7　对初值问题

$$\begin{cases} y'=2y+\dfrac{x}{y} \\ y(0)=1 \end{cases}$$

(1) 给出用四阶经典 Runge-Kutta 方法求解的计算公式；

(2) 取步长 $h=0.2$，计算 $y(0.2)$，$y(0.4)$ 的近似值，保留 4 位小数.

7.8　取步长 $h=0.1$，用四阶经典 Runge-Kutta 方法求解初值问题

$$\begin{cases} y'=x^2+x-y \\ y(0)=0 \end{cases}$$

并与准确解 $y=e^{-x}+x^2-x+1$ 比较.

7.9 求参数 a,b,使得计算初值问题$\begin{cases}y'=f(x,y)\\y(x_0)=y_0\end{cases}$的二步数值方法

$$y_{n+1}=y_n+h[af(x_n,y_n)+bf(x_{n-1},y_{n-1})]$$

的阶数尽可能高,并给出局部截断误差的主项.

附录Ⅰ　MATLAB 环境简介

1. MATLAB 软件简介

MATLAB 是矩阵实验室(matrix laboratory)两个词的缩写，是由美国 Math Works 公司发布的主要面对科学计算、数据可视化、系统仿真以及交互式程序设计的高科技计算环境. MATLAB 可以进行矩阵运算、绘制函数和数据、实现算法、创建用户界面、连接其他编程语言的程序等，主要应用于工程计算、控制设计、信号处理与通信、图像处理、信号检测、金融建模设计与分析等领域.

MATLAB 是一个交互式的、以矩阵计算为基础的科学和工程计算软件，它集数值计算、符号计算功能和计算可视化为一体，它的指令表达式与数学、工程中常用的形式十分相似，通过几条简单的命令，MATLAB 就可以完成一大串高级计算机语言编写的程序功能，使得我们在科学计算、工程设计、数值分析等领域中的各种计算、分析、模拟变得非常简单，这也是选择它作为本课程实验工具的主要原因.

MATLAB 包括拥有数百个内部函数的主包、动态仿真交互式系统(Simulink)和三十个工具箱，内容广泛，涵盖了科学研究与应用技术的很多门类，为我们提供了丰富而实用的资源. MATLAB 的主要特点是：

① 功能强大的数值计算功能；

② 有强大的图形处理能力；

③ 有大量事先定义的数学函数，并且有很强的用户自定义函数的能力；

④ 丰富的工具箱与模块集.

2. MATLAB 基本用法

MATLAB2014 的界面包括：标题栏、菜单栏、工具栏、当前路径窗口、工作区、命令窗口等，如附图 1.1 所示.

MATLAB 的操作方式分为两种，即命令操作方式和文件操作方式.

命令操作方式也称为“交互式操作方式”或“人机对话方式”. MATLAB 命令窗口是用户和 MATLAB 系统交互的主要窗口. 在该窗口中，用户可以进行运行函数、执行 MATLAB 的基本操作命令以及设置 MATLAB 系统的参数等操作. 所有在命令窗口输

入的命令以系统提示符>>开头.例如,计算

$$S=\pi r^2$$

式中,$r=2$.在命令窗口中输入

```
r=2;                          % 命令后面的分号使此运算结果不显示
S=pi*r^2                      % 没有分号,显示结果
S=
    12.5664                   % 系统直接显示结果,就像计算器那样
```

注:① 命令书写格式灵活,可多命令写一行,也可一个命令写多行.同一行命令用逗号或分号分开,若命令很长,一行不够,可用三点"…"续行.② MATLAB 允许使用"↑"键来编辑前面的命令.③ %号后面的文字用于注释,并不参与运算.

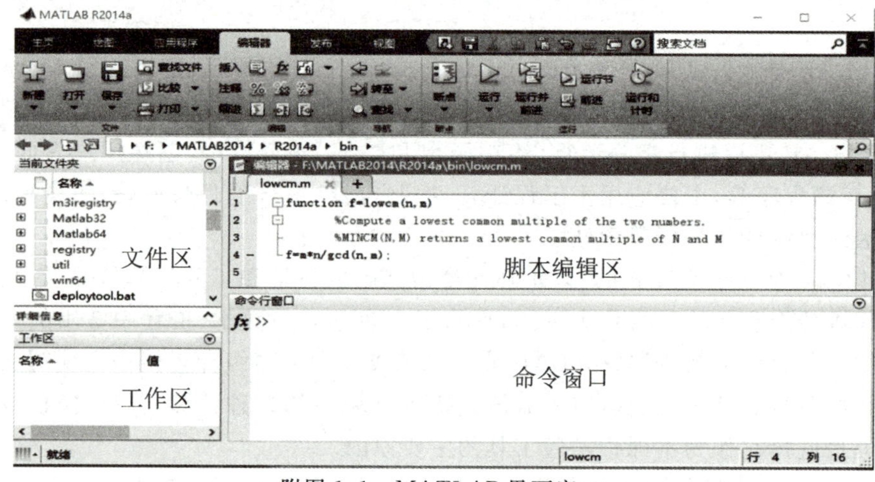

附图 1.1　MATLAB 界面窗口

MATLAB 语言具有强大的运算功能,它能够为用户提供所需计算的各种算术与逻辑运算.附表 1.1 和附表 1.2 分别给出了 MATLAB 主要的算术运算符和关系与逻辑运算符及相应的功能.

附表 1.1　算术运算符

运算符	功能	运算符	功能
+	加	−	减
*	乘	.*	数组相乘
\	左除	.\	数组左除
/	右除	./	数组右除
^	幂次方	.^	数组幂次方

附表 1.2　关系与逻辑运算符

运算符	功能	运算符	功能
==	等于	>	大于
~=	不等于	>=	大于等于

续表

运算符	功能	运算符	功能
&	与	<	小于
|	或	<=	小于等于
~	非		

文件操作方式也称为"批处理操作方式",是以文件方式(filename. m)编写程序并保存在磁盘内,然后在 MATLAB 环境中执行,m 文件有脚本文件和函数文件两种. 脚本文件不需要输入参数,也不输出参数,只需将所要执行的语句逐行在编辑器区域进行编写,并以后缀名(m)保存. 脚本文件中变量不需要预先定义,都是全局变量,任何其他的命令文件和函数都可以访问这些变量,程序运行生成的变量放在工作区中. 脚本文件的运行有两种方式:① 在 m 文件编辑器的菜单中,点击"运行(Run)";② 在路径设置正确的情况下,在命令窗口中直接输入 m 文件的名称. 函数文件的文件名须以英文字母开头,并以(. m)后缀名保存,需要注意的是,函数名应该与文件名相同,MATLAB 中函数文件编写界面如附图 1.2 所示.

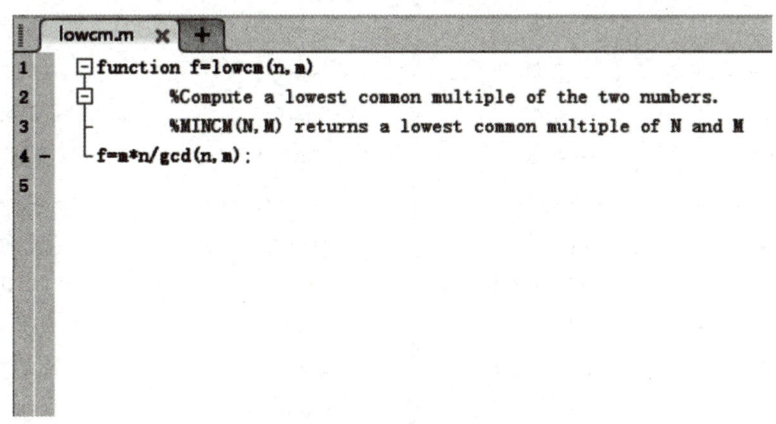

附图 1.2 MATLAB 中函数文件编写界面

函数文件就是建立一个函数,而这个函数可以同 MATLAB 的基本库函数一样加以使用,一般要自带参数,并且有返回结果,附表 1.3 给出了 MATLAB 中常用的基本数学函数. 函数文件的第一行以 function 开始,说明此文件是一个函数,例如,计算 n 与 m 的最小公倍数,可编写代码如下:

```
function f=lowcm(n,m)
% Compute a lowest common multiple of the two numbers.
% MINCM(N,M) returns a lowest common multiple of N and M

f=m* n/gcd(n,m);

end
```

其中 n,m 为输入参数;f 为返回结果;gcd 函数是 MATLAB 自带的函数;gcd(n,m)的返回值是 m 与 n 的最大公约数. 函数文件的名称必须与函数名相同，且以. m 为扩展名，并且不能和 MATLAB 系统函数重名. 将上面的文件保存为 lowcm. m. 若要运行此文件，则在命令窗口输入：

```
>>f=lowcm(5,2)
```

运行结果为

```
f=
10
```

附表 1.3 数学函数

函数名	功能	函数名	功能
sin(x)	正弦值	asin(x)	反正弦值
cos(x)	余弦值	acos(x)	反余弦值
tan(x)	正切	atan(x)	反正切
cot(x)	余切	acot(x)	反余切
sec(x)	正割	asec(x)	反正割
csc(x)	余割	acsc(x)	反余割
exp(x)	指数运算	log(x)	自然对数
abs(x)	求绝对值	sqrt(x)	求平方根
rem(x,y)	求余数	mod(x,y)	求余数
floor(x)	向下取整	ceil(x)	向上取整
round(x)	四舍五入	sign(x)	符号函数
lcm(x,y)	最小公倍数	gcd(x,y)	最大公约数
imag(x)	取出虚部	real(x)	取出实部
conj(x)	复数共轭		

3. MATLAB 流程控制

MATLAB 流程控制结构包括条件控制和循环控制，其中，条件控制结构包括“if 结构”和“switch 结构”；循环控制结构包括“for 结构”和“while 结构”. 此外还包括 continue 和 break 两种流程控制命令使得运算继续或中断.

3.1 条件控制结构:if

if 结构一般有 3 种形式：

① if 条件

```
        语句组
    end
```

② if 条件

    语句组 1

  else

    语句组 2

  end

③ if 条件 1

    语句组 1

  elseif 条件 2

    语句组 2

  elseif 条件 3

    语句组 3

    ⋮

  else

    语句组 n

  end

在计算时，当条件式 i(i=12.3，…，n. n 表示条件式个数)满足时，只计算该条件式下的表达式，而不计算其他表达式.

例 1 输入一个字符，若为大写字母，则输出其对应的小写字母；若为小写字母，则输出其对应的大写字母；若为数字字符，则输出其对应数的平方，若为其他字符，则原样输出.

解：新建以 Example8_1. m 命名的 m 文件，输入以下代码：

```
c=input('请输入一个字符:','s');
if c>='A' &amp;&amp;c<='Z'
    disp(lower(c))
elseif c>='a' &amp;c<='z'
    disp(upper(c))
elseif c>='0' &amp;&amp;c<='9'
    disp(str2double(c)^2)
else
    disp(c)
end
```

3.2 条件控制结构：switch

在执行 switch 结构时，计算 switch 后的表达式，当计算结果满足 switch 后的哪个 case 时，就执行该 case 下的状态，其他状态不执行. 形式如下：

switch 表达式

  case 结果表 1

    语句组 1

  case 结果表 2

```
        语句组 2
        ⋮
    otherwise
        语句组 n
    end
```

例 2 PM2.5 是指大气中直径小于或等于 2.5 μm 的可入肺颗粒物，是衡量空气质量的重要指标. 假定空气质量等级以 PM2.5 数值划分为 6 级. PM2.5 数值在[0,35)空气质量为优，[35,75)为良，[75,115)为轻度污染，[115,150)为中度污染，[150,250)为重度污染，大于等于 250 为严重污染. 编写程序，输入 PM2.5 数值，输出空气质量等级.

解：新建以 Example8_2.m 命名的 m 文件，输入以下代码：

```
g=input('请输入 PM2.5 值:');
switch fix(g)
    case num2cell(0:34)
        disp('空气质量优');
    case num2cell(35:74)
        disp('空气质量良好');
    case num2cell(75:114)
        disp('空气质量轻度污染');
    case num2cell(115:149)
        disp('空气质量中度污染');
    case num2cell(150:249)
        disp('空气质量重度污染');
    otherwise
        disp('空气质量严重污染');
end
```

3.3 循环控制结构：for 和 while

for 结构与其他语言中的 for 循环结构是相同的，循环体的执行次数由数组决定，并且 for 循环是可以多重嵌套，其结构如下：

```
for 循环变量=表达式 1:表达式 2:表达式 3
        循环体语句;
end
```

例 3 利用无穷级数展开式求 π 的近似值.

$$\frac{\pi}{4}=1-3+5-7+\cdots+(-1)^{n+1}\frac{1}{2n-1}$$

解：这是求 n 个数之和的累加问题，可用以下递推式来描述：

$$y_i=y_{i-1}+f_i(y_0=0)$$

可用以下赋值语句来实现：

$$y=y+f$$

式中，累加项 f 的符号可用以下赋值语句来实现（每循环一次反号一次）：

$$g=-g$$

累加项 f 就可用以下赋值语句来实现：

$$f=g/(2i-1)$$

新建以 Example8_3.m 命名的 m 文件，输入以下代码：

```
y=0;
g=-1;
n=input('n=? ');
for i=1:n
    g=-g;
    y=y+g/(2*i-1);
end
pai=4*y
```

while 结构的循环次数是不固定的，由表达式决定，当表达式满足时，循环体就会被执行，其结构如下：

```
while 条件
    循环体语句;
end
```

例 4　从键盘输入若干个数，当输入 0 时结束输入，求这些数的平均值和它们之和.

解：新建以 Example8_4.m 命名的 m 文件，输入以下代码：

```
ssum=0;
n=0;
x=input('Enter a number(end in 0):');
while x~=0
    ssum=ssum+x;
    n=n+1;
    x=input('Enter a number(end in 0):');
end
if n>0
    ssum
    mean=ssum/n
end
```

3.4　流控制命令：continue/break

continue 通常用于 for 或 while 循环语句中，与 if 语句一起使用，达到跳过本次循环，去执行下一轮循环的目的.

break 语句通常用于 for 或 while 循环语句中,终止执行 for 或 while 循环,不执行循环中 break 后面的语句.

例 5 求[100,200]之间第一个能被 21 整除的整数.

解:新建以 Example8_5.m 命名的 m 文件,输入以下代码:

```
for n=100:200
    if rem(n,21)~=0
        continue
    end
    n
    break
end
```

4. MATLAB 图形绘制

4.1 二维绘图命令

常用的绘制二维图形的命令是 plot,对于不同的要求,该函数有不同的格式.常用格式有:

plot(y) 缺少自变量的绘图格式,以 y 为纵坐标,y 的下标为横坐标;

plot(x,y) 基本格式,以 x 为横坐标,以 y 为纵坐标,x 和 y 可为向量或矩阵;

plot(x1,y1,x2,y2,…) 在同一坐标系中同时绘制多条曲线;

plot(x,y,'s'):字符串 s 设定了图形曲线的颜色、线型及标示符号(附表 1.4).

附表 1.4 基本线型和颜色

符号	颜色	符号	线型
y	黄色	.	小黑点
m	紫红	O	小圆圈
c	青色	x	x 标记
r	红色	+	十字号
g	绿色	*	星号
b	兰色	-	实线
w	白色	-.	点划线
k	黑色	--	虚线

例 6 画出 $y=\sin x$ 的图形.

解:在命令窗口输入命令

```
>>x=0:pi/2:2*pi;       % 起点 0,终点 2π,间隔 π/2,即 x=[0, π/2, π, 3π/2, 2π]
>>y=sin(x);            % 分号表示该命令执行结果不显示
>>plot(x,y)
```

图像如附图 1.3(a)所示.从图上看,这是一条折线,与我们熟知的正弦曲线误差较大,这是由于点选取的太少的缘故,但我们可由此了解到 MATLAB 作图是通过描点、连线来实现的.可以想象,随点数增加,图形越来越接近 $y=\sin x$ 的图像.为了得到更接近真实sin x 的图像,新建以 Example8_6.m 命名的 m 文件,输入以下代码:

```
x=0:0.01:2*pi;              %也可以用 x=linspace(0,2*pi,30)
y=sin(x);
plot(x,y,'r-');             %用红色的实线画图
title('正弦曲线');           %给图加标题“正弦曲线”
xlabel('x');                %给 x 轴加标题“x”
ylabel('y');                %给 y 轴加标题“y”
text(5.5,0,'y=sinx');       %在(5.5,0)点处放置文本 y=sinx
grid                        %给图形加格栅线
```

图像如附图 1.3(b)所示.

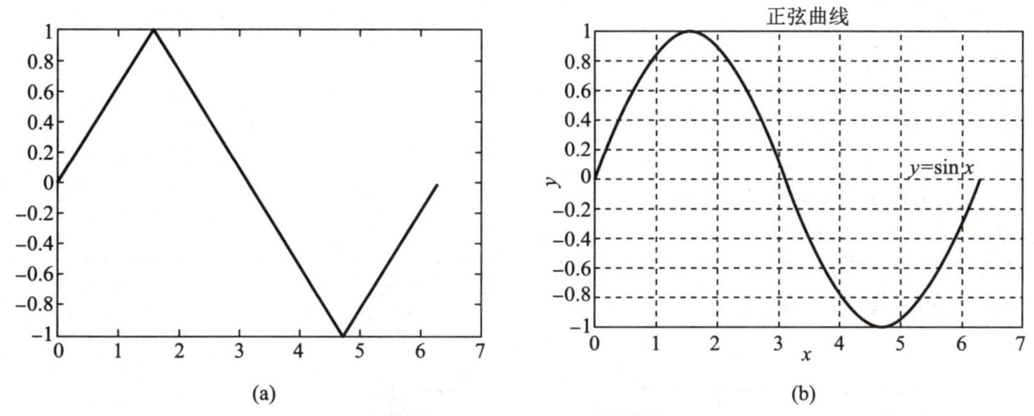

附图 1.3　$y=\sin x$ 的图像

图形工具及坐标轴设置等可以参考附表 1.5 及附表 1.6.

附表 1.5　二维绘图工具

命令	功能
grid	放置格栅
gtext	用鼠标放置文本
hold	保持当前图形
text	在给定位置放置文本
title	放置图标题
xlabel	放置
ylabel	放置
zoom	缩放图形

附表 1.6　axis 命令

命令	功能
axis([x1,x2,y1,y2])	设置坐标轴范围
axis square	当前图形设置为方形
axis equal	坐标轴的长度单位设成相等
axis normal	关闭 axis equal 和 axis square
axis off	关闭轴标记、格栅和单位标志
axis on	显示轴标记、格栅和单位标志

例 7　利用图形命令分别在同一坐标系下画出下列基本初等函数 $y=x, y=x^2, y=x^3, y=x^4$ 的图形，并观察图形特征.

解：新建以 Example8_7.m 命名的 m 文件，输入以下代码：

```
x=-1:0.05:1;
y1=x;
y2=x.^2;
y3=x.^3;
y4=x.^4;
plot(x,y1,'-',x,y2,':',x,y3,'*',x,y4,'O');
legend('y=x','y=x^2','y=x^3','y=x^4')
```

图像如附图 1.4 所示.

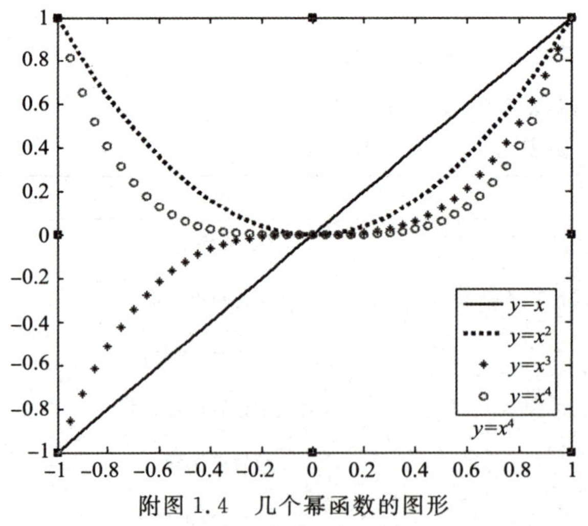

附图 1.4　几个幂函数的图形

几个幂函数的图形

例 8　画出 $y=\frac{\sin x}{x}$ 的图形，并观察当 $x\to 0$ 时函数值的变化情况.

解：新建以 Example8_8.m 命名的 m 文件，输入以下代码：

```
x=-1:(2/69):1; % 将 x 轴上的区间[-1,1]分成奇数等分,这样就避免了 x 的值取零
y=sin(x)./x; % 计算 f(x)的函数值
plot(x,y,'*'); % 描点作图
axis equal; % 固定纵横坐标比,
grid on; % 画分格线
xlabel('x'); % 标记坐标轴
ylabel('y');
title('y=sinx/x');
```

图像如附图 1.5 所示,观察到重要极限 $\lim\limits_{x\to 0}\frac{\sin x}{x}=1$.

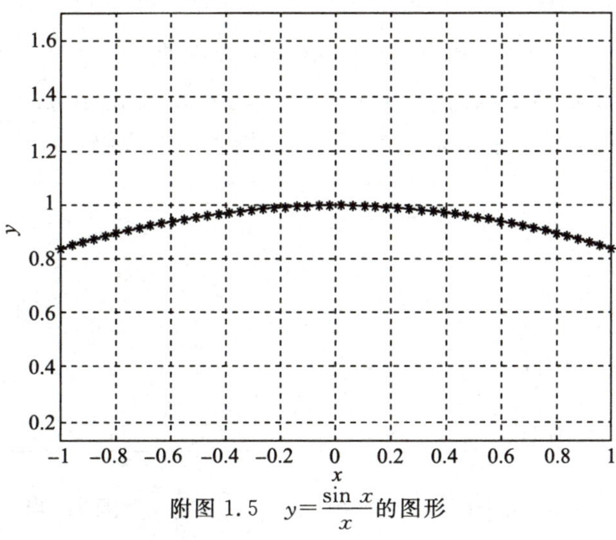

附图 1.5　$y=\frac{\sin x}{x}$ 的图形

例 9　画出 $y=\arctan x$ 的图像.

解:新建以 Example8_9.m 命名的 m 文件,输入以下代码:

```
x=-20:0.1:20;        % x 轴上的范围[-20,20]
y=atan(x);           % 计算 f(x)的函数值
plot(x,y);           % 描点作图
grid
xlabel('x');         % 标记坐标轴
ylabel('y');
title('y=arctanx')
```

图像如附图 1.6 所示. 从图上看,$y=\arctan x$ 是有界函数,$y=\pm\frac{\pi}{2}$ 是其水平渐近线.

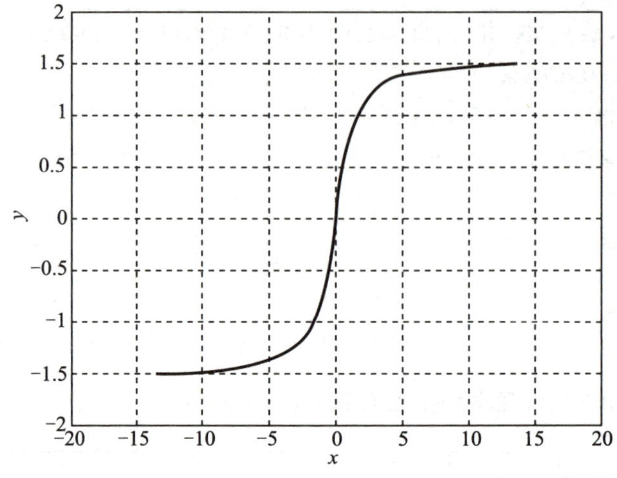

附图 1.6　$y=\arctan x$ 的图形

例 10　在同一坐标系中画出 $y=\sin x, y=x, y=\tan x$ 的图像.

解:新建以 Example8_10.m 命名的 m 文件,输入以下代码:

```
x=-pi/2:0.1:pi/2;
y1=sin(x);
y2=tan(x);
plot(x,x,x,y1,'.-',x,y2,'--');
axis([-pi/2,pi/2,-3,3]);
grid
legend('y=x','y=sinx','y=tanx');
```

图像如附图 1.7 所示.从图上可以看出,在$\left[-\frac{\pi}{2},\frac{\pi}{2}\right]$范围内,当 $x>0$ 时,$\sin x<x<\tan x$;当 $x<0$ 时,$\sin x>x>\tan x$,$y=x$ 是 $y=\sin x$ 和 $y=\tan x$ 在原点的切线,因此,当 $|x|\ll1$ 时,$\sin x\approx x$,$\tan x\approx x$.

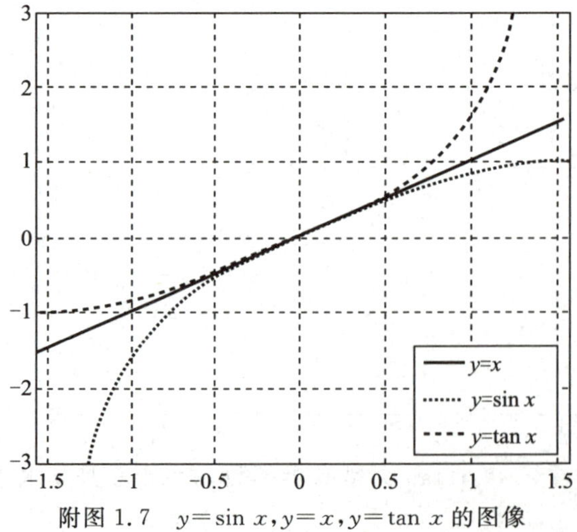

附图 1.7　$y=\sin x, y=x, y=\tan x$ 的图像

$y=\sin x, y=x,$
$y=\tan x$ 的图像

例 11 画出心形线 $r=3(1+\cos\theta)$的图像.

解:输入命令

```
x=-2* pi:0.1:2* pi;
r=3* (1+cos(x));
polar(x,r)
```

图像如附图 1.8 所示.

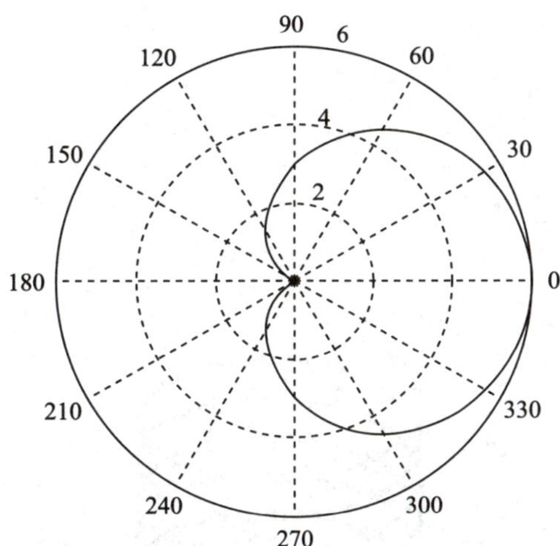

附图 1.8 心形线 $r=3(1+\cos\theta)$的图像

MATLAB 绘图命令比较多,附表 1.7 列出了一些二维绘图函数,可使用帮助 help 查找这些函数的调用格式.

附表 1.7 二维绘图函数

函数	功能	函数	功能
area	填满绘图区域	coutourf	填满等高线图
bar	条形图	vlabel	等高线图标出字符
barh	水平条形图	feather	羽状图
compass	极坐标向量图	fill	填满二维多边形
comet	彗星轨迹图	pie	饼图
errorbar	误差条图	stem	离散杆图
quiver	矢量图	stairs	阶梯图
pcolor	伪色彩图	plotmatrix	矩阵散布图
contour	等高线图	ribbon	带状图

4.2 三维绘图命令

(1) 绘制空间曲线

在 MATLAB 中提供了空间曲线绘制的基本函数 plot3.

plot3(x,y,z):x,y,z 为相同维数的向量,绘出这些向量表示的点的曲线.

plot3(X,Y,Z):X,Y,Z 为相同阶数的矩阵,绘出矩阵列向量的曲线.

plot3(X,Y,Z,s):s 为定义线型的字符串.

plot3(x1,y1,z1,s1,x2,y2,s2,…):这是组合绘图调用形式.

例 12 画出三维螺旋线$\begin{cases}x=\sin t\\ y=\cos t\\ z=t\end{cases}(0\leqslant t\leqslant 2\pi)$的图像.

解:输入命令

```
>>t=0:pi/50:10* pi;
>>plot3(sin(t),cos(t),t,'* —b')
>>axis square;grid on
```

图像如附图 1.9 所示.

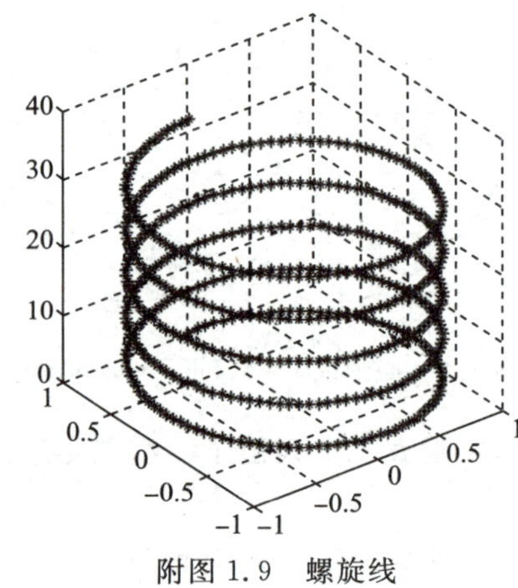

附图 1.9 螺旋线

(2) 绘制空间曲面

绘制由函数 $z=z(x,y)$确定的曲面时,首先需产生一个网格矩阵,然后计算函数在各网格点上的值.

网格生成函数:

[X,Y]=meshgrid(x,y):x,y 为给定的向量,X,Y 是网格划分后得到的网格矩阵.

若 x=y,则可简写为[X,Y]=meshgrid(x).

网格图:

mesh(X,Y,Z,C):绘制由矩阵 X,Y,Z 所确定的曲面网格图,矩阵 C 用于确定网格颜色.

meshc 调用方式与 mesh 相同,在 mesh 基础上增加等高线.

meshz 调用方式与 mesh 相同,在 mesh 基础上屏蔽边界面.

着色函数:

surf(X,Y,Z):绘制着色的三维表面图,参数设置与 mesh 相同.

例 13 画出函数 $z=\sqrt{x^2+y^2}\,(-4\leqslant x,y\leqslant 4)$的图形.

解:输入命令

```
>>[x,y]=meshgrid([-4:0.5:4]);
>>z=sqrt(x.^2+y.^2);
>>mesh(x,y,z)
```

图像如附图 1.10(a)所示.

输入命令

```
>>meshc(x,y,z)
```

图像如附图 1.10(b)所示.

输入命令

```
>>meshz(x,y,z)
```

图像如附图 1.10(c)所示.

输入命令

```
>>surf(x,y,z)
```

图像如附图 1.10(d)所示.

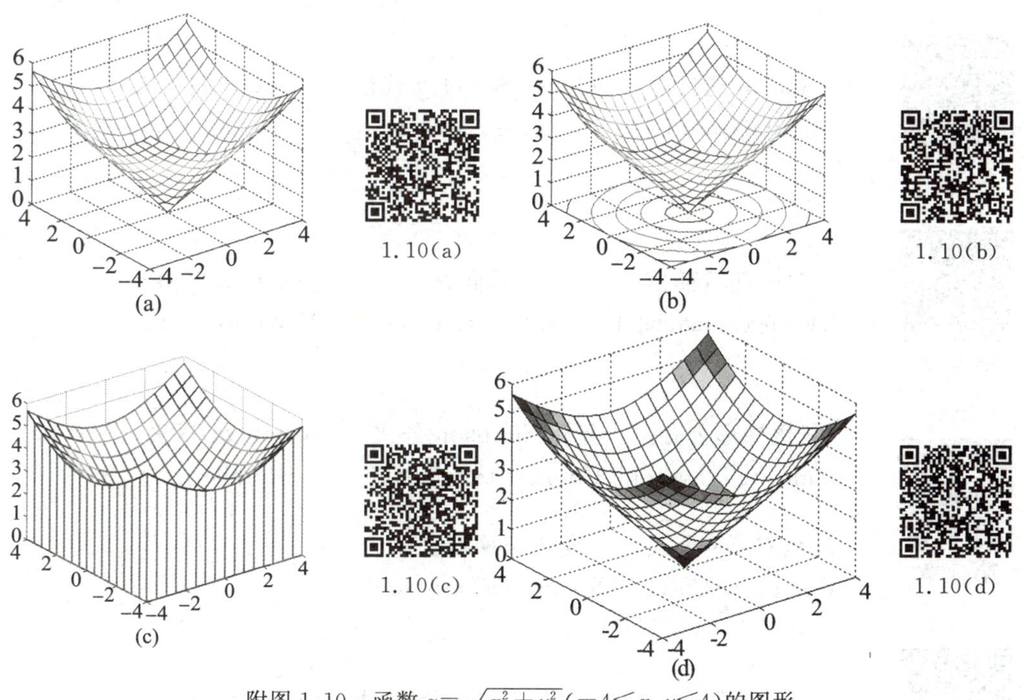

附图 1.10　函数 $z=\sqrt{x^2+y^2}\,(-4\leqslant x,y\leqslant 4)$ 的图形

附录Ⅱ　MATLAB 程序

第 2 章

对分区间法	牛顿迭代法	正割法	
bisection	newton	secant_newton	

第 3 章

Gauss 消去法	Gauss 列主元消去法	Doolittle 分解	追赶法
gauss	gauss_mcp	doolittle	chase

第 4 章

Jacobi 迭代法	Gauss-Seidel 迭代法	SOR 法
jacobi_iteration	gauss_seidel	sor

第 5 章

拉格朗日插值	差商表	Newton 插值
Lagrange/Lagrange1	DiffQuotientTable	NewtonInterpl

第 6 章

复化梯形公式	复化 Simpson 公式	Romberg 算法
CompositeTrapezoid	CompositeSimpson	Romberg
复化 Cotes 公式	变步长梯形公式	
CompositeCotes	RecursiveTrapezoid	

第 7 章

Euler 公式	改进的 Euler 公式	Runge-Kutta 公式
Euler	ImprovedEuler	RungeKutta

参考答案

习题 1

1.1 (1) 0.00126,0.000402

(2) 0.00159,0.000506

(3) 0.00028,0.000103

(4) 0.00421,0.00298

1.2 (1)0.5,0.015%,4

(2) 0.5×10^{-3},2.38%,2

(3) 0.5×10^{-5},0.81%,2

(4) 0.5×10^{-3},0.016%,4

1.3 (1) 1.7321,0.5×10^{-4}

(2) 1.73205,0.5×10^{-5}

(3) 1.7321,5

1.4 3,2,1

1.5 (1) $1-\cos\theta=2\sin^2\left(\dfrac{\theta}{2}\right)$

(2) 有理化

(3) 通分合并

1.6 $\dfrac{1}{2}\times10^6$,计算过程不稳定

1.7 $x_1=20.856,x_2=0.144$

1.8 0.667%

1.9 边长应满足(80±0.003125) cm

1.10 $3n\%$

1.11 结果可靠

习题 2

2.1 9

2.2 6

2.3 (1)局部收敛;(2)局部收敛;(3)发散;(4)发散

2.4 3.1038

2.5 0.7394,0.7391

2.6 Newton 迭代法,1.9802

2.7 1.404

2.8 (1) $\varphi(x)=3+\frac{2}{5}\sin x$,故 $|\varphi'(x)|=\left|\frac{2}{5}\cos x\right|<1$,因此它对于任意的初值均线性收敛

(2) $x^*\approx 3.0389$

2.9 (1) $\varphi(x)$ 满足压缩映射条件,$x^*\approx 1.9628$

(2) $x^*\approx 1.9627$,Aitken-Steffensen 加速法收敛更快

2.10 Newton 迭代公式为 $x_{n+1}=x_n-\frac{x_n^3-a}{6x_n^2}$,证明略

2.11 (1) 0.6089;(2)3.2589

2.12 0.5671

习题 3

3.1 $x_1=\frac{17}{13},x_2=-\frac{20}{13},x_3=\frac{55}{13},x_4=1$

3.2 $x_1=\frac{7}{22},x_2=-\frac{41}{22},x_3=\frac{87}{22}$

3.3 $x_1=5,x_2=3,x_3=1$

3.4 矩阵 $\boldsymbol{A}$ 不能分解为单位下三角矩阵 $\boldsymbol{L}$ 和上三角矩阵 $\boldsymbol{U}$ 的乘积.

矩阵 $\boldsymbol{B}$ 可以唯一分解为单位下三角矩阵 $\boldsymbol{L}$ 和上三角矩阵 $\boldsymbol{U}$ 的乘积.

3.5 (1) $\boldsymbol{M}=\begin{bmatrix}1&0&0\\-2&1&0\\1&-2&1\end{bmatrix}$,$\boldsymbol{U}=\begin{bmatrix}2&2&3\\4&7&7\\-2&4&5\end{bmatrix}$

(2) $\boldsymbol{L}=\begin{bmatrix}1&0&0\\2&1&0\\-1&2&1\end{bmatrix}$,$\boldsymbol{U}=\begin{bmatrix}2&2&3\\0&3&1\\0&0&6\end{bmatrix}$

3.6 $x_1=n,x_2=x_3=\cdots=x_n=-1$

3.7 (1) $x_1=1,x_2=-1,x_3=2$

(2) $x_1=\frac{1}{4},x_2=\frac{1}{2},x_3=\frac{1}{2}$

3.8 $x_5=\frac{1}{6},x_4=\frac{1}{3},x_3=\frac{1}{2},x_2=\frac{2}{3},x_1=\frac{5}{6}$

3.9 略

3.10 略

习题 4

4.1 $\|\boldsymbol{x}\|_1=10$,$\|\boldsymbol{A}\|_\infty=11$,$\|\boldsymbol{Ax}\|_\infty=39$

4.2 $\|\boldsymbol{A}\|_1=8$,$\|\boldsymbol{A}\|_\infty=6$,$\|\boldsymbol{A}\|_2=4$

4.3 Jacobi 迭代法和 Gauss-Seidel 迭代法都收敛,Gauss-Seidel 迭代法的收敛速度

比雅可比迭代快.

4.4 (1)略;(2)Jacobi 迭代发散,Gauss-Seidel 迭代收敛.

4.5 Jacobi 迭代法和 Gauss-Seidel 迭代法均发散.

4.6 (1) Jacobi 迭代法、Gauss-Seidel 迭代法和 SOR 方法均收敛

(2) $\boldsymbol{x}^*=(-4,3,2)^{\mathrm{T}}$

4.7 (1) $\dfrac{\sqrt{5}+1}{4}$

(2) $\dfrac{9}{16}$

(3) Jacobi 迭代法和 Gauss-Seidel 迭代法均收敛

4.8 谱半径 $\rho(\boldsymbol{B})=\dfrac{\sqrt{3}}{2}<1$. 迭代格式收敛.

$x^*=(0.137955,-0.552661,0.218767)^{\mathrm{T}}$

4.9 $|a|>\sqrt{6}$

4.10 略

4.11 当 $\omega=1.03$ 时,迭代次数为 18 次;当 $\omega=1.1$ 时,迭代次数为 22 次

习题 5

5.1 $P_3(T)=0.0002T^3-0.005T^2-0.02T+1.8$

5.2 86.458

5.3 16,0

5.4 11.3945,11.3881,0.0118

5.5 0.15

5.6 $L_2(x)=0.9802x^2-1.4256x+1$,0.008

5.7 $N_3(x)=0.00000212x^3-0.0000066x^2+0.0075x$

5.8 $a=3,b=3,c=1$

5.9 $a=-0.4027,b=0.9452$

5.10 $0.05004x^2+0.9726$

5.11 $0.1172+0.82x^2-0.82x^4$

习题 6

6.1 (1) $A=\dfrac{1}{2}h,B=\dfrac{3}{2}h,x=\dfrac{1}{3}h$,2

(2) $A=\dfrac{8}{3}h,B=-\dfrac{4}{3}h,C=\dfrac{8}{3}h$,3

(3) $A=\dfrac{1}{3},B=\dfrac{1}{6}$,2

(4) $A=\dfrac{1}{9},B=\dfrac{8}{9}$,3

6.2 5.36,5.36,5.19

6.3 0.3030,0.3039

6.4　48662.6

6.5　略

6.6　1.1167

6.7　1.1111

6.8　0.5236

6.9　$A=\frac{1}{6}, B=\frac{2}{3}, C=\frac{1}{6}, x_1=\frac{1}{2}$，代数精度为 3

6.10　略

6.11　1.098039283

6.12　求积公式是插值型的，1

习题 7

7.1　$y_{n+1}=y_n-h(y_n-y_n^2\sin x_n)$

$y_{n+1}=y_n+h\left(y_n-\frac{2x_n}{y_n}\right)$

7.2　0，0.0110，0.0339，0.0695，0.1186

7.3　略

7.4　$y(0.1)=1.225, y(0.2)=1.511$

7.5　$y(0.1)=1.0010, y(0.2)=1.0060, y(0.3)=1.0190$

$y(0.4)=1.0440, y(2.0)=1.0850$

7.6　$y(0.2)\approx 0.5826, y(0.4)\approx 0.4134$

7.7　(1) 略

(2) $y(0.2)=1.5094, y(0.4)=2.2903$

7.8　略

7.9　$a=\frac{3}{2}, b=-\frac{1}{2}, 2, \frac{5}{12}h^3y'''(x_n)$

参考文献

[1]李庆扬,王能超,易大义.数值分析[M].5版.武汉:华中科技大学出版社,2018.

[2]马东升,董宁.数值计算方法[M].3版.北京:机械工业出版社,2015.

[3]令锋,傅守忠,陈树敏,等.数值计算方法[M].2版.北京:国防工业出版社,2015.

[4]郜志英.工程数值计算[M].北京:清华大学出版社,2020.

[5]冯象初,王卫卫,等.应用数值分析[M].西安:西安电子科技大学出版社,2020.

[6]陈丽娟.计算方法[M].北京:北京理工大学出版社,2020.

[7]BURDEN R L,FAIRES J D,BURDEN A M.数值分析[M].10版.赵廷刚,赵廷靖,薛艳,等译.北京:电子工业出版社,2022.

[8]曹艳华,肖瑜,吕广红.数值分析原理及MATLAB实验[M].武汉:华中科技大学出版社,2022.

[9]令锋,傅守忠,陈树敏.数值计算方法复习与实验指导[M].2版.北京:国防工业出版社,2015.

[10]熊庆如.Matlab基础与应用[M].北京:机械工业出版社,2014.